工学基礎
物体の運動

森田博昭・安達義也
加藤宏朗・金子武次郎
共　著

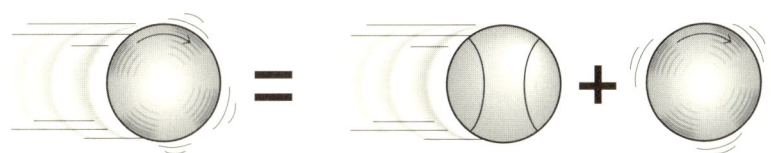

学術図書出版社

読者のみなさまへ

物理学は，工学の基礎知識です．

本書の主目的は，
　　　　　物理学的な考え方，計算法を習得することによって，
　　　　　創造性や独創性を育てることです．

　力学に関する教科書はたくさん出版されていますが，どの教科書もこの一冊で十分というものはありません．それは，著者によって教育理念が異なり，対象とする学生の能力も多様化しているためです．本書が対象とする理工系学部の学生も，高等学校で物理を習わなかった人，習ったが物理で受験しなかった人がかなり多くなっています．

　このような事情から，本書では身近な物体の運動について基礎から説明し，力学を初めて学ぶ読者にも，十分理解できるようにすることを心がけました．また，最近は極端に計算が苦手な学生が多いことから，式の展開に必要な計算は省略することなく，すべて記述することにしました．さらに，全問に解答例を示しました．

　高等学校と大学では数学的な扱い方が大きく異なります．大学の物理学では，微積分を用いることによって，未来および過去の物体の運動を考察する力を身に付け，さらに創造性や独創性を育てようとしているのです．したがって，前もって微積分の基礎知識は身に付けておく必要があります．本書で必要とする数学的知識は巻末にまとめてありますので，予習しておいてください．

目　　次

第 1 章　質点の運動　　1

1.1　運動を記述するために必要な基礎知識　　1
- 1.1.1　質点　　1
- 1.1.2　位置　　2
- 1.1.3　位置ベクトルと変位ベクトル　　3
- 1.1.4　速度と速さ　　5
  - 1 次元運動（直線上の運動）の速度と速さ　　6
  - 2 次元運動（平面上の運動）の速度と速さ　　7
  - 3 次元運動（立体空間内の運動）の速度と速さ　　10
- 1.1.5　加速度　　10
- 1.1.6　力　　12

1.2　ニュートンの運動の法則　　13
- 1.2.1　運動の第 1 法則　　14
- 1.2.2　運動の第 2 法則　　14
- 1.2.3　運動の第 3 法則　　16
- 1.2.4　ニュートンの運動の法則は三位一体　　17
- 1.2.5　慣性力（見かけの力）　　19
- 1.2.6　力の単位　　20

1.3　運動方程式の解き方　　20
- 1.3.1　運動方程式（加速度）から速度を求める　　21
  - 不定積分で解く　　22
  - 定積分で解く　　23
  - 変数分離法で解く　　23

	式の読み換え	24
1.3.2	速度から座標を求める	24

第2章 質点の落下運動　26

2.1	1次元の等加速度運動	26
2.1.1	自由落下運動	26
2.1.2	束縛運動	33
2.1.3	摩擦のある平面上の運動	36
2.2	2次元の等加速度運動（放物運動）	38
2.3	非等加速度運動	44

第3章 いろいろな質点の運動　48

3.1	等速円運動	48
3.2	単振動	53
3.3	ばねの復元力による単振動	55
3.4	単振り子	59
3.5	減衰振動	62

第4章 仕事とエネルギー　65

4.1	仕事	65
4.2	位置エネルギー（ポテンシャルエネルギー）	68
4.3	運動エネルギー	71
4.4	力学的エネルギー保存の法則	72

第5章 力のモーメントと角運動量　76

5.1	力のモーメント	76
5.2	角運動量	78
5.3	角運動量保存の法則	79

第6章 質点系の運動　81

6.1	質点系の運動量保存の法則	81
6.2	力積と運動量変化	82

6.3	2つの質点の衝突	83
6.4	質量の中心（重心）の運動	85
6.5	質点系の運動エネルギー	87
6.6	質点系の角運動量保存の法則	88

第7章 剛体の運動　92

7.1	剛体の運動方程式	92
7.2	剛体の回転運動	93
	7.2.1　慣性モーメントに関する定理	95
	7.2.2　基本的な形をした剛体の慣性モーメント	97
7.3	いろいろな剛体の運動	106
	7.3.1　固定した回転軸のまわりの剛体の運動	106
	7.3.2　剛体の平面運動	109
	7.3.3　固定点のある剛体の運動	111
7.4	剛体のつり合い	112
7.5	剛体の運動エネルギー	114

付録A　ベクトル　116

A.1	ベクトル表示	116
A.2	ベクトルの実数倍	118
A.3	ベクトルの和	118
A.4	ベクトルの差	118
A.5	ベクトル和の解析的計算	119
A.6	ベクトルの成分表示	119
A.7	ベクトルの相等と和，差	120
A.8	位置ベクトルと変位ベクトル	121
A.9	3次元空間のベクトル	122
A.10	ベクトルの積	123
	A.10.1　ベクトルの内積（スカラー積）	123
	A.10.2　ベクトルの外積（ベクトル積）	124

A.11	ベクトルの三重積	125
A.12	ベクトルの微分	125

付録B 運動と座標   126

B.1	速度と加速度	126
B.2	相対運動と慣性力（見かけの力）	129
	B.2.1 慣性系に対して等速度運動する座標系	130
	B.2.2 慣性系に対して等加速度運動する座標系	131
	B.2.3 一定の角速度で回転する座標系	131
B.3	極座標	135

付録C 数学の公式など   137

C.1	不定積分（原始関数）	137
C.2	不定積分の公式	138
C.3	定積分	139
C.4	テイラー展開とマクローリン展開	140
C.5	変数分離型の微分方程式	141
C.6	2階線形微分方程式と減衰振動	144
C.7	強制振動	144
C.8	共振	147

付録D 質点と剛体の比較   149

D.1	質点の並進運動と剛体の固定した回転軸のまわりの回転運動の物理量の比較	149

1 質点の運動

1.1 運動を記述するために必要な基礎知識

1.1.1 質点

自然界の物体の運動は，物体を構成するすべての部分が平行に同じ距離だけ動く**並進運動**と，物体内の1点または直線のまわりを回る**回転運動**とが混ざり合ったものになっている．このことは，野球のボールやサッカーボールが，回転しながら飛んでいく様子からも伺うことができる．

一見複雑そうに見えるこれらの物体の運動も，並進運動と回転運動に分けて扱うことができる．たとえば図1.1のように，テニスボールが回転しながら飛んでいる運動は，ボールが回転せずに飛ぶ並進運動と，ボールの各部分がボールの中心（重心）のまわりを回る回転運動に分けて考察することができる．そして，第6.4節に示されるのであるが，物体の並進運動を考える場合は，物体を物体内の特定の位置（重心）に凝縮した点の運動として扱うことができる．

また，地球上のすべての物体には重さがあり，一定の力を加える場合に，軽い物体の方が重い物体よりも動きやすい．この重さとか動きやすさを量的に表すものが**質量**であり，物体の運動を考えるときには不可欠な物体固有の量であ

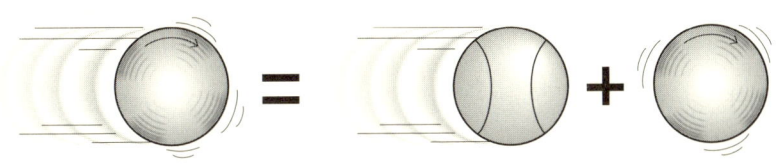

図 1.1　一般の運動　=　並進運動　+　回転運動

る．秤で量る何グラムという値は，一種の質量を表しており，**重力質量**といわれる．

したがって，物体の並進運動を単純化して考える場合は，物体を大きさがなく物体と同じ質量をもった架空の物体である**質点**とみなし，質点の運動として考察することができる．質点の運動とは，質点が時間の経過とともに存在する**位置**を移す現象であるから，位置の移動を表現する方法について以下に説明する．

1.1.2 位置

われわれが物体の**位置**を表すとき，基準とする物体からその物体までの距離で表す場合と，距離と方向と向きで表す場合がある．基準として用いる物体を**基準体**という．基準体を原点として，距離を測るための目盛りを付けた直線を**座標軸**という．座標軸も 1 つの基準体である．座標軸にはいろいろなものがあるので，最も便利なものを選んで使用する．

たとえば，直線上（1 次元空間）の質点の位置 P は，図 1.2 (a) のように，その直線を x 座標軸に選び，原点 O から始まる座標軸上の目盛り（座標）x によって P(x) と表される．

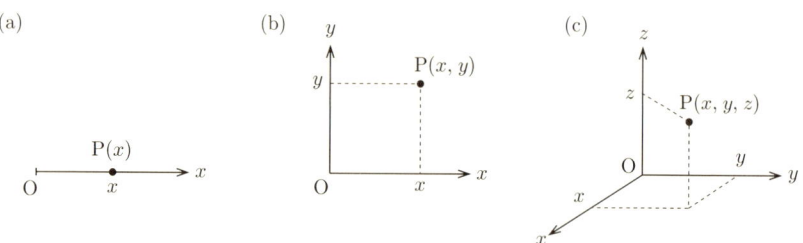

図 1.2 　(a) 1 次元空間の位置，(b) 2 次元空間の位置，(c) 3 次元空間の位置

また，平面上（2 次元空間）の質点の位置は，図 1.2 (b) のように，原点 O で直交する 2 つの座標軸上の目盛り（座標）x, y によって P(x, y) と表される．同様に，立体空間（3 次元空間）の質点の位置は，図 1.2 (c) のように，原点 O で互いに直交する 3 本の座標軸（**直交座標軸**）上の目盛り x, y, z によって，P(x, y, z) と表される．直交座標系は，右手の親指を x 軸，人差し指を y 軸，中

指を z 軸に対応させて互いに直角になるように開いた形をしており，**直角座標系**，**デカルト座標系**，または**カーテシアン座標系**とも呼ばれる（極座標による位置の表し方については，付録 B.3 節を参照）．

1.1.3　位置ベクトルと変位ベクトル

上に述べたように，質点の位置は座標で表すことができる．一方，図 1.3 に示したように，点 P の位置は原点 O と点 P を結ぶ線分の長さとその方向および向きで表すこともできる（方向と向きを合わせて方向という場合もある）．このように，長さ（大きさ）とその方向と向きをもった量を**ベクトル**（付録 A 章参照）といい矢印で表す．方向は，水平方向とか垂直方向とかのように，ベクトルの線分の走る方向を表し，向きは，上向きとか下向きのように，ベクトルの矢の向きを表す．

座標軸の原点を始点として位置を表すベクトルを，$\overrightarrow{\mathrm{OP}}$ または $\boldsymbol{r}$（**太字**）で表し，**位置ベクトル**という．図 1.4 のように，3 次元空間の位置ベクトル $\boldsymbol{r}$ は，3 つの座標軸方向のベクトル（各座標軸への射影）に分解でき，それらの長さ（座標成分）によって (x, y, z) と表される．位置ベクトルによる位置の表現は，座標による位置の表現を幾何学的に表現したものと考えればよく，表現の形は違うが同等である．

図 1.3　点 P のベクトル表示

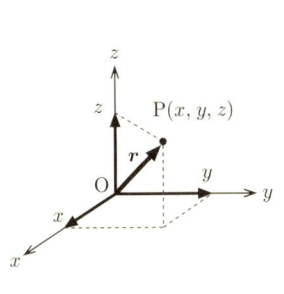

図 1.4　位置ベクトル

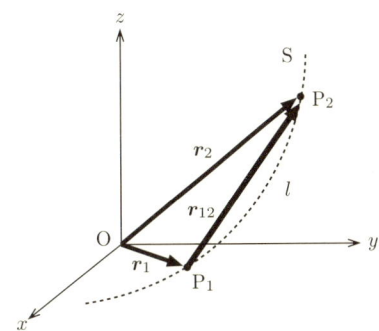

図 1.5　変位ベクトル

ベクトルの一般的性質，その演算（和，差，積）については，付録 A 章に詳しく記してある．

図 1.5 のように，P_1 にあった質点が移動して P_2 へ来たとき，P_1 から P_2 に向かうベクトル $\bm{r}_{12}$ を**変位**（変位ベクトル）という．ここで，図中の点線で示すような経路 S に沿って，質点が P_1 から P_2 に距離 l だけ移動するときでも，経路に関係なくその変位は $\bm{r}_{12}$ であり，その大きさは一般に $|\bm{r}_{12}| \neq l$ である．しかし，点 P_2 が限りなく P_1 に近づくとき，この 2 点間の経路は直線とみなすことができるようになり，$|\bm{r}_{12}| \approx l$ となる．変位ベクトル $\bm{r}_{12}$ は，$\bm{r}_{12} = \bm{r}_2 - \bm{r}_1$ のように位置ベクトルの差である．この後の説明では，時間間隔 Δt での変位 $\bm{r}_{12}$ を $\Delta \bm{r}$ と表す．

ベクトルによる変位，位置の表現は直感的でわかりやすいが，力学において，微積分を用いた定量的考察をするためには，第 1.1.2 節で説明した直交座標系を用いる表現のほうが便利である．

図 1.6 のように，直交座標系（O-x, y, z）において，x, y, z 軸方向に単位ベクトル $\bm{i}, \bm{j}, \bm{k}$（大きさ = 1）を考え，これらを**基本ベクトル**と呼ぶ．位置ベクトル $\bm{r}$ の x 軸，y 軸，z 軸への射影の大きさを，それぞれ基本ベクトルの大きさを尺度として表す x, y, z を，ベクトル $\bm{r}$ の x, y, z 方向の**成分**という．成分は値だけを表す量（スカラー）で，方向や向きがない．位置ベクトル $\bm{r}$ は，この成分と基本ベクトルを用いると，

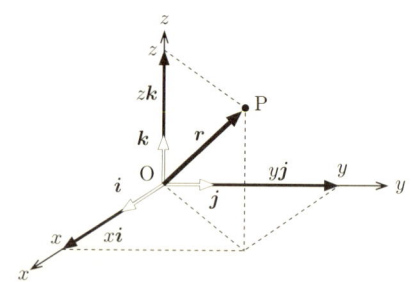

図 1.6　位置ベクトルと単位ベクトル

$$\bm{r} = x\bm{i} + y\bm{j} + z\bm{k} \tag{1.1}$$

あるいは，

$$\bm{r} = (x, y, z) \tag{1.2}$$

と表される．原点 O と質点との距離 r（$\bm{r}$ の長さ，絶対値）は，

$$r = |\bm{r}| = \sqrt{x^2 + y^2 + z^2} \tag{1.3}$$

である．

同様に，変位ベクトルを基本ベクトルで表してみよう（付録 A.8 参照）．図 1.5 の点 P_1 と P_2 の位置ベクトルを，$\overrightarrow{OP_1} = \boldsymbol{r}_1 = x_1\boldsymbol{i} + y_1\boldsymbol{j} + z_1\boldsymbol{k}$ および $\overrightarrow{OP_2} = \boldsymbol{r}_2 = x_2\boldsymbol{i} + y_2\boldsymbol{j} + z_2\boldsymbol{k}$ と表せば，変位 $\boldsymbol{r}_{12} = \boldsymbol{r}_2 - \boldsymbol{r}_1$ は

$$\boldsymbol{r}_{12} = (x_2\boldsymbol{i} + y_2\boldsymbol{j} + z_2\boldsymbol{k}) - (x_1\boldsymbol{i} + y_1\boldsymbol{j} + z_1\boldsymbol{k})$$
$$= (x_2 - x_1)\boldsymbol{i} + (y_2 - y_1)\boldsymbol{j} + (z_2 - z_1)\boldsymbol{k} \tag{1.4}$$
$$\boldsymbol{r}_{12} = ((x_2 - x_1), (y_2 - y_1), (z_2 - z_1))$$

となり，同じ座標方向の成分間の差を成分とするベクトルになっている．その変位 $\boldsymbol{r}_{12}$ の大きさ r_{12} は，

$$r_{12} = |\boldsymbol{r}_{12}| = |\boldsymbol{r}_2 - \boldsymbol{r}_1|$$
$$= \sqrt{(x_2 - x_1)^2 + (y_2 - y_1)^2 + (z_2 - z_1)^2} \tag{1.5}$$

である．点 P_1 と P_2 が近い場合は，(1.4) 式を次のように表す．

$$\Delta \boldsymbol{r} = \Delta x \boldsymbol{i} + \Delta y \boldsymbol{j} + \Delta z \boldsymbol{k} \tag{1.6}$$

ここで，$\Delta x = x_2 - x_1, \Delta y = y_2 - y_1, \Delta z = z_2 - z_1$ である．

問 1.1. 質点が点 $(2, 3, 1)$ から点 $(4, 4, -1)$ に移動した場合の，変位および変位の大きさを求めよ．

解 変位：$\Delta \boldsymbol{r} = (4-2)\boldsymbol{i} + (4-3)\boldsymbol{j} + (-1-1)\boldsymbol{k} = 2\boldsymbol{i} + \boldsymbol{j} - 2\boldsymbol{k}$
あるいは $\Delta \boldsymbol{r} = (4-2, 4-3, -1-1) = (2, 1, -2)$
変位の大きさ：$|\Delta \boldsymbol{r}| = \sqrt{(\Delta x)^2 + (\Delta y)^2 + (\Delta z)^2} = \sqrt{2^2 + 1^2 + (-2)^2} = 3$

1.1.4 速度と速さ

質点の運動を記述するとき，動きの大きさまたは激しさを表すために，**速さ**または速さと動く方向と向きを同時に表す**速度**を用いる．速さは正の値をもつスカラー量である．また，速度は位置ベクトルまたは変位ベクトルの時間変化率で，長さが速さに等しく，質点の運動方向と同じ方向をもつベクトル量である．以下に速度と速さの数学的な意味を調べてみる．

1.1.4.A　1次元運動（直線上の運動）の速度と速さ

図 1.7 に示すように，質点が x 座標軸上を時刻 t とともに動く場合を考える．

時刻 t での質点の位置ベクトルを (1.1) 式にしたがって $\boldsymbol{r}(t) = x(t)\boldsymbol{i}$ と表せば，時刻 t から $t + \Delta t$ までの Δt の間に，質点は変位ベクトル $\Delta \boldsymbol{r} = \boldsymbol{r}(t + \Delta t) - \boldsymbol{r}(t) = x(t+\Delta t)\boldsymbol{i} - x(t)\boldsymbol{i} = \Delta x \boldsymbol{i}$ だけ移動することになる．この場合の（平均）速度は次のように定義される．

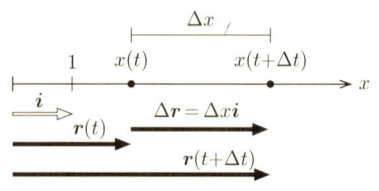

図 **1.7**　x 軸上の質点の運動と変位ベクトル

$$（平均速度）= \frac{\boldsymbol{r}(t+\Delta t) - \boldsymbol{r}(t)}{(t+\Delta t) - t} = \frac{\Delta \boldsymbol{r}}{\Delta t} = \frac{\Delta x}{\Delta t}\boldsymbol{i} \tag{1.7}$$

Δt 時間内で速度が一定でない場合，平均速度は Δt のとり方によって異なる値を与える．そこで，時間間隔 Δt を無限に小さくした極限を考え，時刻 t における**速度** $\boldsymbol{v}(t)$ と定義する．

$$\boldsymbol{v}(t) = \lim_{\Delta t \to 0} \frac{\Delta \boldsymbol{r}}{\Delta t} = \frac{\mathrm{d}\boldsymbol{r}}{\mathrm{d}t} = \frac{\mathrm{d}x}{\mathrm{d}t}\boldsymbol{i} = v_x \boldsymbol{i} \tag{1.8}$$

$$v_x = \frac{\mathrm{d}x}{\mathrm{d}t} \tag{1.9}$$

ここで $\mathrm{d}\boldsymbol{i}/\mathrm{d}t = 0$ であることを考慮した．

(1.9) 式の v_x は x 方向の速度の成分を表している．(1.8) 式の速度を**瞬間の速度**といい，通常，力学において**速度**という場合には，この瞬間の速度を意味する．一方，**速さ** v は速度の大きさに等しく，方向や向きを考えない正の値であるから，(1.9) 式より，

$$v = |\boldsymbol{v}| = |v_x| = \left|\frac{\mathrm{d}x}{\mathrm{d}t}\right| \tag{1.10}$$

である．

(1.8), (1.9) 式は，**速度** $\boldsymbol{v}$ やその成分 v_x は位置ベクトル $\boldsymbol{r}$ や座標 x を時間で **1 回微分**して得られることを示している．したがって，速さの **SI 単位**（国際単位）はメートル毎秒 (m/s) である．

時刻 t が決まれば速度 $\boldsymbol{v}$ が決まるとき，$\boldsymbol{v}$ は t を独立変数とする関数であるといい，$\boldsymbol{v}(t)$ のように表す．同様に位置ベクトル $\boldsymbol{r}$ やその成分 x も t の関数であるから $\boldsymbol{r}(t)$ や $x(t)$ のように表す．しかし，t の関数であることが明らかな

場合は，(1.7)〜(1.10) 式の $v, \boldsymbol{v}, \boldsymbol{r}, x$ のように，(t) の部分は省略されることが多い．

図 1.8 は平均速度と瞬間の速度の違いを示している．図 1.7 の質点の座標と時間の関係が図 1.8 の太い実線のように $x = x(t)$ の関係になっているとする．このとき，(1.9) 式の表す速度の成分 v_x は，時刻 t で曲線 $x(t)$ に引いた**接線**の勾配 $v(t)$ である．また，時刻 t から $t + \Delta t$ の Δt 秒間の**平均の速さ**は，曲線上の 2 点 $(t, x(t))$ と $(t + \Delta t, x(t + \Delta t))$ を結ぶ直線の勾配の絶対値である．

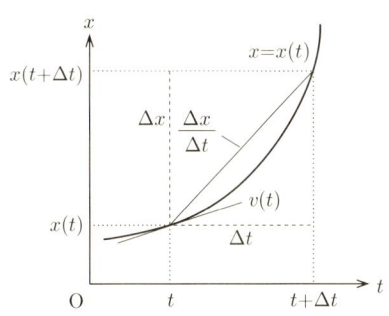

図 1.8　平均速度と瞬間の速度

問 1.2. 質点の座標が，$x(t) = t^2 - 4t + C$　（C は定数）のように，時刻 t の関数として表されるとき，質点の速度の x 方向の成分 $v_x(t)$ および速さ v を求めよ．

解　$v_x(t) = \dfrac{\mathrm{d}x(t)}{\mathrm{d}t} = 2t - 4, \quad v = |2t - 4|$

1.1.4.B　2 次元運動（平面上の運動）の速度と速さ

図 1.9 に示すように，質点が xy 平面上の曲線 S に沿って動くとき，時刻 t に点 P_1 にあった質点が，時刻 $t + \Delta t$ までの Δt 秒の間に点 P_2 まで移動したとする．点 $\mathrm{P}_1, \mathrm{P}_2$ を表す位置ベクトルを $\boldsymbol{r}(t), \boldsymbol{r}(t + \Delta t)$ とすると，この場合の変位は $\Delta \boldsymbol{r} = \boldsymbol{r}(t + \Delta t) - \boldsymbol{r}(t)$ であって，$\Delta \boldsymbol{r}/\Delta t$ はこの質点が移動する平均の速度を表すベクトル量である．

そこで，前節と同様に，$\Delta t \to 0$ の極限

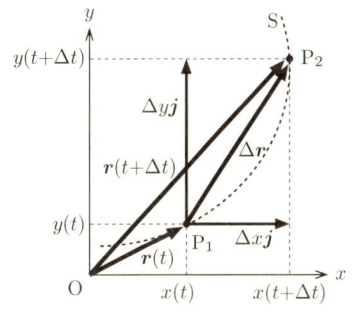

図 1.9　2 次元の変位ベクトル

を考え，

$$\bm{v}(t) = \lim_{\Delta t \to 0} \frac{\Delta \bm{r}}{\Delta t} = \frac{\mathrm{d}\bm{r}}{\mathrm{d}t} \tag{1.11}$$

を時刻 t における（瞬間の）**速度**と定義する．d$\bm{r}$ はベクトルであるから $\bm{v}(t)$ もベクトルであり，その方向は，曲線 S 上の質点の位置における，接線の方向と一致する（問 1.3 参照）．

2 次元の位置ベクトルを基本ベクトルと座標成分を用いて表すと，

$$\begin{aligned}
\Delta \bm{r} &= \bm{r}(t + \Delta t) - \bm{r}(t) \\
&= \bigl(x(t + \Delta t)\bm{i} + y(t + \Delta t)\bm{j}\bigr) - \bigl(x(t)\bm{i} + y(t)\bm{j}\bigr) \\
&= x(t + \Delta t)\bm{i} - x(t)\bm{i} + y(t + \Delta t)\bm{j} - y(t)\bm{j} \\
&= \Delta x \bm{i} + \Delta y \bm{j}
\end{aligned}$$

であるから，

$$\begin{aligned}
\bm{v}(t) &= \lim_{\Delta t \to 0} \frac{\Delta \bm{r}}{\Delta t} = \lim_{\Delta t \to 0} \left(\frac{\Delta x}{\Delta t}\bm{i} + \frac{\Delta y}{\Delta t}\bm{j} \right) \\
&= \frac{\mathrm{d}x}{\mathrm{d}t}\bm{i} + \frac{\mathrm{d}y}{\mathrm{d}t}\bm{j} = v_x \bm{i} + v_y \bm{j}
\end{aligned} \tag{1.12}$$

$$v_x = \frac{\mathrm{d}x}{\mathrm{d}t}, \quad v_y = \frac{\mathrm{d}y}{\mathrm{d}t} \tag{1.13}$$

v_x, v_y は，速度の x, y 方向の**成分**である．すなわち，速度の x 成分は変位の x 成分の**時間微分**であり，速度の y 成分は変位の y 成分の**時間微分**である．

変位，平均の速度および速度の関係を図 1.10 に示した．平均の速度 $\Delta \bm{r}/\Delta t$ は変位ベクトルと同じ向きであるが，$\Delta t \to 0$ となるにしたがって，点 P_2 は曲線 S 上を点 P_1 に近づき，速度 $\bm{v}(t)$ は点 P_1 での S の接線方向を向くベクトルになる．また，三平方の定理から速度 $\bm{v}(t)$ の大きさ，すなわち速さ $v = |\bm{v}(t)|$ は，

$$v = \sqrt{v_x{}^2 + v_y{}^2} \tag{1.14}$$

である．この結果から，**2 次元運動の**

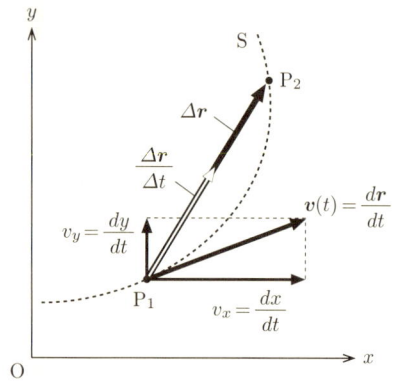

図 **1.10** 速度と平均の速度

速度や速さは，まず，1次元運動として x, y 座標方向の速度成分を (1.13) 式から求め，次にこれらの成分から，(1.12) および (1.14) 式によって方向および大きさを求めれば得られることがわかる．

問 1.3. 図 1.11 において，質点が曲線 S 上を運動するとき，S 上の任意の点 O における速度 $\boldsymbol{v}(t)$ の方向は，点 O における曲線 S の接線方向に一致することを示せ．

解 1 点 O における質点の速度 $\boldsymbol{v}(t)$ は (1.12) 式で与えられ，図 1.11 のようにその傾きは v_y/v_x である．一方，曲線 S（運動の軌跡）上の点 O の座標 x, y は，時間 t の関数として $x(t), y(t)$ と表され，点 O における曲線の接線の勾配（傾き）は，$\mathrm{d}y/\mathrm{d}x$ で与えられる．そして接線の傾きは媒介関数の微分法によって，

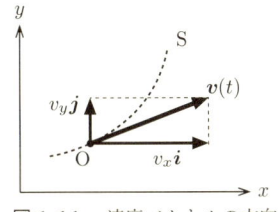

図 1.11 速度ベクトルの方向

$$（接線の傾き）= \frac{\mathrm{d}y}{\mathrm{d}x} = \frac{\mathrm{d}y/\mathrm{d}t}{\mathrm{d}x/\mathrm{d}t} = \frac{v_y}{v_x}$$

と表される．したがって，点 O における速度の方向（傾き）は，点 O における曲線 S の接線の方向（傾き）に一致する．

解 2 図 1.12 のように，時間 Δt の間に，質点が曲線 S に沿って点 O から P までの距離 s を動くとき，s は時間の関数であるから $s = s(t)$ と表される．また，点 O から P に向かう変位ベクトル $\boldsymbol{r}$ は s の関数として $\boldsymbol{r} = \boldsymbol{r}(s(t))$ と表される．

したがって，(1.11) 式より，$\boldsymbol{v}(t) = \dfrac{\mathrm{d}\boldsymbol{r}}{\mathrm{d}t} = \dfrac{\mathrm{d}\boldsymbol{r}}{\mathrm{d}s}\dfrac{\mathrm{d}s}{\mathrm{d}t}$ である．ここで，$\Delta t \to 0$

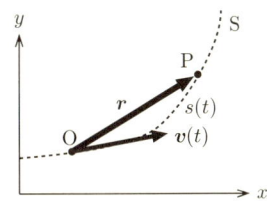

図 1.12 速度ベクトルの方向

の極限において，点 P が限りなく点 O に近づくとき，$\mathrm{d}\boldsymbol{r}$ の長さは $\mathrm{d}s$ の長さに等しくなる．そして，$\boldsymbol{e}_t$ を曲線 S 上の点 O における接線方向の単位ベクトルとすれば $\mathrm{d}\boldsymbol{r} \approx \mathrm{d}s\,\boldsymbol{e}_t$ と表すことができ，$\mathrm{d}\boldsymbol{r}/\mathrm{d}s$ は $\boldsymbol{e}_t$ に等しくなる．また $\mathrm{d}s/\mathrm{d}t$ は距離の微分であるから速さ $v(t)$ である．したがって，速度は $\boldsymbol{v}(t) = v(t)\boldsymbol{e}_t$

であり，曲線 S の接線方向（ベクトル e_t の方向）を向いた，大きさが $v(t)$ のベクトルである．

1.1.4.C　3 次元運動（立体空間内の運動）の速度と速さ

3 次元の場合も，速度は 2 次元の場合と同様に定義される．変位 $\Delta \boldsymbol{r}$ は，
$$\Delta \boldsymbol{r} = \Delta x \boldsymbol{i} + \Delta y \boldsymbol{j} + \Delta z \boldsymbol{k}$$
であり，速度 $\boldsymbol{v}(t)$ および速さ $v(t)$ は次式で与えられる．

$$\boldsymbol{v}(t) = \frac{\mathrm{d}x}{\mathrm{d}t}\boldsymbol{i} + \frac{\mathrm{d}y}{\mathrm{d}t}\boldsymbol{j} + \frac{\mathrm{d}z}{\mathrm{d}t}\boldsymbol{k} = v_x \boldsymbol{i} + v_y \boldsymbol{j} + v_z \boldsymbol{k} \tag{1.15}$$

$$v_x = \frac{\mathrm{d}x}{\mathrm{d}t}, \qquad v_y = \frac{\mathrm{d}y}{\mathrm{d}t}, \qquad v_z = \frac{\mathrm{d}z}{\mathrm{d}t} \tag{1.16}$$

$$v = \sqrt{v_x{}^2 + v_y{}^2 + v_z{}^2} \tag{1.17}$$

この結果から，3 次元運動の速度や速さを求めるには，まず 1 次元運動として x, y, z 座標方向の速度成分を別々に求め，次にこれらの成分から方向や大きさを求めればよいことがわかる．

1.1.5　加速度

加速度は，速度（速さ＋方向・向き）が時間とともに変化する割合である．したがって，加速度運動には速さが増える場合と減る場合，方向・向きのみが変わる場合，およびすべてが変わる場合がある．

質点の座標と時間の関係から速度を導いたように，速さと時間の関係から**加速度**が導かれる．図 1.13 のように，

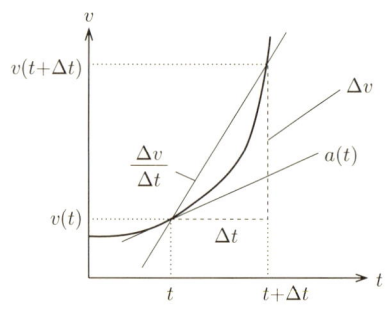

図 1.13　速さ－時間図

時刻 t から $t + \Delta t$ までの Δt 秒の間に，速度が $\boldsymbol{v}(t)$ から $\boldsymbol{v}(t + \Delta t)$ へ $\Delta \boldsymbol{v}$ だけ変わる場合の**平均加速度**は，

$$（平均加速度）= \frac{\boldsymbol{v}(t + \Delta t) - \boldsymbol{v}(t)}{(t + \Delta t) - t} = \frac{\Delta \boldsymbol{v}}{\Delta t} \tag{1.18}$$

で与えられる．速度が Δt の間で一定でない場合には，Δt のとり方によって

平均加速度は異なる値になる．したがって，この場合にも**瞬間加速度**を導入する．(1.18) 式において，時間間隔 Δt を無限に小さくした場合，平均加速度は t における加速度（または瞬間加速度）となる．

$$\boldsymbol{a}(t) = \lim_{\Delta t \to 0} \frac{\Delta \boldsymbol{v}}{\Delta t} = \frac{d\boldsymbol{v}}{dt} \tag{1.19}$$

つまり，**加速度**は**速度**を時間で **1 回微分**したものである．

1 次元運動の場合は，(1.8) 式の $\boldsymbol{v}(t) = \dfrac{d\boldsymbol{r}}{dt} = \dfrac{dx}{dt}\boldsymbol{i}$ を代入して

$$\boldsymbol{a}(t) = \frac{d\boldsymbol{v}}{dt} = \frac{d}{dt}\frac{d\boldsymbol{r}}{dt} = \frac{d^2\boldsymbol{r}}{dt^2} = \frac{d^2x}{dt^2}\boldsymbol{i} \tag{1.20}$$

となり，**加速度**は速度を時間で 1 回微分したものであるとともに，**座標を時間で 2 回微分したものである**ことがわかる．したがって，加速度（の大きさ）の **SI 単位**はメートル毎秒毎秒 (m/s^2) である．

2 次元運動の場合は，(1.12) 式の $\boldsymbol{v}(t) = \dfrac{dx}{dt}\boldsymbol{i} + \dfrac{dy}{dt}\boldsymbol{j} = v_x\boldsymbol{i} + v_y\boldsymbol{j}$ より，

$$\boldsymbol{a}(t) = \frac{dv_x}{dt}\boldsymbol{i} + \frac{dv_y}{dt}\boldsymbol{j} = a_x\boldsymbol{i} + a_y\boldsymbol{j} \tag{1.21}$$

$$a_x = \frac{dv_x}{dt} = \frac{d^2x}{dt^2}, \qquad a_y = \frac{dv_y}{dt} = \frac{d^2y}{dt^2} \tag{1.22}$$

$$a(t) = \sqrt{a_x{}^2 + a_y{}^2} \tag{1.23}$$

ここで $a_x, a_y, a(t)$ は，ベクトル $\boldsymbol{a}(t)$ の x, y 成分およびその大きさである．

3 次元運動の場合は，(1.15) 式を (1.19) 式に代入して次式が得られる．

$$\boldsymbol{a}(t) = \frac{dv_x}{dt}\boldsymbol{i} + \frac{dv_y}{dt}\boldsymbol{j} + \frac{dv_z}{dt}\boldsymbol{k} = a_x\boldsymbol{i} + a_y\boldsymbol{j} + a_z\boldsymbol{k} \tag{1.24}$$

$$a_x = \frac{dv_x}{dt} = \frac{d^2x}{dt^2}, \quad a_y = \frac{dv_y}{dt} = \frac{d^2y}{dt^2}, \quad a_z = \frac{dv_z}{dt} = \frac{d^2z}{dt^2} \tag{1.25}$$

$$a(t) = \sqrt{a_x{}^2 + a_y{}^2 + a_z{}^2} \tag{1.26}$$

ここで $a_x, a_y, a_z, a(t)$ は，ベクトル $\boldsymbol{a}(t)$ の x, y, z 成分およびその大きさである．

注意 ここで注意すべき点は，「加速度は**速度**が時間とともに変わること」であって，質点の速さが時間とともに変わることだけが加速度運動であると勘違いしないことである．(1) 運動の方向・向きは変わらないが，速さが変わる．(2) 速さは変わらないが，その方向・向きが変わる．(3) 速さ，方向・向きともに変わるなどの運動は，すべてが加速度運動である．これは加速度が (1.24) 式のようにベクトル量として定義されているからである．

問 1.4. 質点の座標および速度が，時間 t の関数として次のように表されるとき，質点の x 方向の加速度 $a_x(t)$ を求めよ．
(a) $x(t) = t^2 - 4t + C$ （C は定数） (b) $v_x = v_0(1-t)$
(c) $v_x = v_0(1-t)^2$ (d) $v_x = v_0 e^{at}$

解 (a) $v_x(t) = \dfrac{\mathrm{d}x(t)}{\mathrm{d}t} = 2t - 4, \quad a_x(t) = \dfrac{\mathrm{d}^2 x(t)}{\mathrm{d}t^2} = \dfrac{\mathrm{d}v_x(t)}{\mathrm{d}t} = 2$
(b) $a_x(t) = -v_0$ (c) $a_x(t) = v_0 2(1-t)(-1) = -2v_0(1-t)$
(d) $a_x(t) = av_0 e^{at}$

問 1.5. 位置座標 x が時間 t の関数として $x(t) = pt^2 + qt + x_0$ と表されるとき，質点の速度 $v_x(t)$，加速度 $a_x(t)$ を求めよ．p, q, x_0 は定数とする．また，位置座標が上式で与えられる運動はどのような運動か．

解 $v_x(t) = \dfrac{\mathrm{d}x(t)}{\mathrm{d}t} = 2pt + q, \quad a_x(t) = \dfrac{\mathrm{d}v(t)}{\mathrm{d}t} = 2p.$
ゆえに，初速度 q で x_0 の位置を発進し，加速度が $2p$ の等加速度運動である．

1.1.6 力

質点の運動を考える場合の力は，質点の移動に関与する力のことであって，物体を変形させるような力は考えない．ここでは静止している物体を動かす作用が働くとき，あるいは動いている物体の速度をさらに加速させるか減速させる作用が働くとき，その作用，つまり質点の運動の状態（位置，速度）を変える働きを**力**と呼ぶ．また，物体を押すときと引くときでは，物体の加速される向きが逆である．このことは力の働きには方向と向きがあることを示している．つまり，**力は大きさと方向と向きをもったベクトル量**である．

図 1.14 のように，力のベクトル $\boldsymbol{F}$ を基本ベクトル $\boldsymbol{i}, \boldsymbol{j}, \boldsymbol{k}$ と，力の x, y, z 軸方向の成分 F_x, F_y, F_z を用いて次の

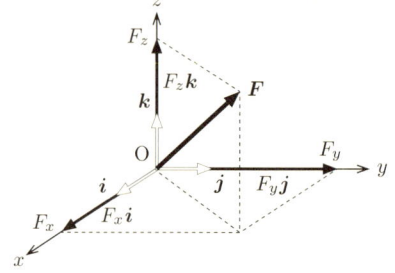

図 1.14 力のベクトルとその成分

ように表す．

$$\bm{F} = F_x\bm{i} + F_y\bm{j} + F_z\bm{k} \tag{1.27}$$

また2つ以上の力 $\bm{F}_1, \bm{F}_2, \bm{F}_3, \cdots$ が同時に作用する場合にも，それらの力のベクトル和 $\bm{F}$（合力）は，すべての力の同じ座標成分同士の和をとって，次のように表される．

$$\bm{F} = \bm{F}_1 + \bm{F}_2 + \bm{F}_3 + \cdots = F_x\bm{i} + F_y\bm{j} + F_z\bm{k} \tag{1.28}$$

ここで，

$$F_x = F_{1x} + F_{2x} + \cdots \quad , \quad F_y = F_{1y} + F_{2y} + \cdots \quad , \quad F_z = F_{1z} + F_{2z} + \cdots$$

である．**力の単位はニュートン (N) である**（第1.2.6節「力の単位」を参照）．

1.2 ニュートンの運動の法則

ニュートンは，物体の運動を以下の3法則によって説明した．これらをニュートンの運動の法則という．

第1法則：すべての物体は，外力によってその状態を変えられない限り，その静止の状態を，あるいは直線上の一様な運動の状態を，そのまま続ける．
第2法則：物体が力を受けるとき，その力の方向・向きに加速度を生じ，その加速度の大きさは，力の大きさに比例し，物体の質量に反比例する．
第3法則：2つの物体AとBが互いに力を及ぼし合うとき，AがBに及ぼす力とBがAに及ぼす力はAとBを結ぶ線上にあり，大きさが等しく方向が反対である．

力学では，これらの法則に基づいて物体の運動を考察する．すなわち第2法則を微分形で表現した運動方程式を解いて，所定の条件の下で速度や座標を求める．解法は次節で述べることにして，以下に運動の3法則の意味するところを，簡単に述べておこう．

1.2.1 運動の第1法則

運動の第1法則は，**慣性の法則**ともいわれる．自動車は急に止まれないということは誰でも知っている．これは，ブレーキの力が及ばないほど大きな力で自動車が走り続けようとするためである．逆に，だるま落としのゲームは，たたかれるブロック以外のブロックが，いつまでも動かずにいようとする性質があることを利用したゲームである．このように，「物体にはいつまでも現状の運動を継続しようとする性質（慣性）がある」ことを第1法則は述べているのであるが，ただそれだけではなく，**物体の運動を正しく記述するためには，慣性の法則を正しく表現できる座標系を用いなければならない**ことを述べているのである．この第1法則（慣性の法則）が成り立つ座標系を**慣性系**（**慣性座標系**）といい，第1法則の成り立たない座標系を**非慣性系**（**非慣性座標系**）という．また慣性座標系に対して等速度運動している座標系は慣性座標系である（詳しくは次節，または付録B.2節で説明する）．

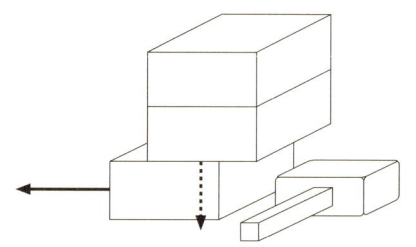

1段目のブロックを急に動かすとき，上の2つのブロックはその位置に留まろうとする．しかし，1段目のブロックを静かに動かすときは，上の2つのブロックもいっしょに動くのはなぜか？

図1.15 だるま落とし

1.2.2 運動の第2法則

運動の第2法則は，力と運動の関係を規定するもので，図1.16のように，力 F の作用を受けて，質量 m の物体（質点）に加速度 a が生じるとき，

$$(質量 m) \times (加速度 a) = (力 F)$$

の関係があることを述べており，次のように式で表される．

$$m a = m \frac{d v}{d t} = m \frac{d^2 r}{d t^2} = F \tag{1.29}$$

この運動の第2法則を表す式は，**ニュートンの運動方程式**あるいは単に**運動**

方程式といわれ，力と加速度と質量の関係を表すものである．この式を成分に分けて書くと，

$$m\frac{d^2x}{dt^2} = F_x, \qquad m\frac{d^2y}{dt^2} = F_y, \qquad m\frac{d^2z}{dt^2} = F_z \qquad (1.30)$$

$$m\frac{dv_x}{dt} = F_x, \qquad m\frac{dv_y}{dt} = F_y, \qquad m\frac{dv_z}{dt} = F_z \qquad (1.31)$$

となる．F_x, F_y, F_z は力 $\boldsymbol{F}$ の x 成分，y 成分，z 成分である．

第 1.1.6 節で，力とは質点の運動の状態を変える（加速度を生じる）作用であると述べた．第 2 法則はそのことを述べたものであるが，これを $\boldsymbol{a} = \boldsymbol{F}/m$ と書き換えると，m が大きいとき，同じ加速度 $\boldsymbol{a}$ を得るには大きな $\boldsymbol{F}$ が必要であることがわかる．したがって，m は質点の動きにくさ，つまり慣性の強さを表す量である．このように，第 2 法則の力と加速度の関係から定まる質量を**慣性質量**という．また，図からも明らかなように，$\boldsymbol{F}_1 = \boldsymbol{F}_2$ のとき，$m_1 < m_2$ であれば $\boldsymbol{a}_1 > \boldsymbol{a}_2$ であり，$m_1 = m_3$ のとき，$\boldsymbol{F}_1 > \boldsymbol{F}_3$ であれば $\boldsymbol{a}_1 > \boldsymbol{a}_3$ であるなど，第 2 法則はいろいろな情報を与えてくれる．

慣性質量と区別するために，物質に作用する重力によって（秤などを利用して）決める質量を**重力質量**という．慣性質量と重力質量が一致することは精密な測定によって確かめられている．

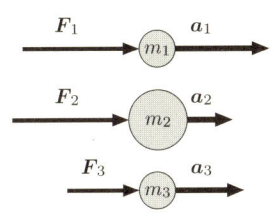

図 **1.16** 力と加速度

> **問 1.6.** x 軸上を運動する質量 M の質点に，$P(x^2 + x)$ と表される x 軸方向の力が作用するとき，質点に関するニュートンの運動方程式を書け．

解 $\quad M\dfrac{d^2x}{dt^2} = P(x^2 + x)$

質点の質量 m と速度 $\boldsymbol{v}$ の積を $\boldsymbol{p}$ と書いて**運動量**と呼ぶ．

$$\boldsymbol{p} = m\boldsymbol{v} \qquad (1.32)$$

質量 m が一定（時間や速度によらない）のとき，両辺を時間 t で微分すると，

$$\frac{d\boldsymbol{p}}{dt} = m\frac{d\boldsymbol{v}}{dt} \qquad (1.33)$$

となる．右辺は第2法則によれば外力 $\boldsymbol{F}$ であるから，上式は，

$$\frac{d\boldsymbol{p}}{dt} = \boldsymbol{F} \tag{1.34}$$

と表される．したがって，第2法則は，

運動量の時間変化の割合は，この質点に作用する力に等しい．

ことを表しているともいえる．ニュートンが書いた本来の第2法則はこのように表されていた．

1.2.3 運動の第3法則

運動の第3法則は2物体間に働く力の性質を述べたもので，作用反作用の法則ともいわれる．図 1.17(a) に示すように，物体 A が物体 B から受ける力を $\boldsymbol{F}_{AB}$，物体 B が物体 A から受ける力を $\boldsymbol{F}_{BA}$ とすると，2つの力は A と B を結ぶ線上にあり，

$$\boldsymbol{F}_{AB} = -\boldsymbol{F}_{BA} \tag{1.35}$$

である．このように，第3法則は，互いに作用し合う2つの物体間に働く力の関係を述べており，**第1法則，第2法則で物体に働く力，外力というのは通常この力のことを意味する．**

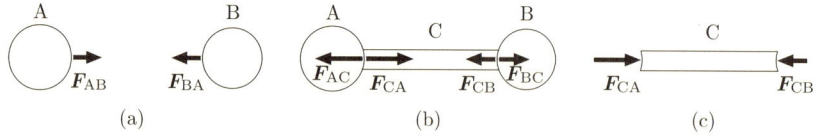

図 1.17 (a) 運動の第3法則，(b) 作用反作用，(c) 力のつり合い

図 1.17 (b) のように，2つの物体 A, B が棒 C を左右から押し合っている場合，第3法則は，$\boldsymbol{F}_{CA} = -\boldsymbol{F}_{AC}$，$\boldsymbol{F}_{CB} = -\boldsymbol{F}_{BC}$ の関係があることをいっているのであり，$\boldsymbol{F}_{AC}$ と $\boldsymbol{F}_{BC}$ および $\boldsymbol{F}_{CA}$ と $\boldsymbol{F}_{CB}$ の関係には言及していない．

この法則を力のつり合いの条件と混同しないように注意しなければならない．力のつり合いとは，図 1.17 (c) のように，1つの物体 C に2つの物体 A, B から力が働くとき，力の作用が互いに打ち消しあうことであり，つり合いの条件は $\boldsymbol{F}_{CA} = -\boldsymbol{F}_{CB}$ である．数式的には似ているが，物理的意味は異なる．

1.2.4 ニュートンの運動の法則は三位一体

第1法則が成り立つ慣性座標系について，もう少し詳しく考えてみよう．図1.18は，電車の中で自由に動けるキャスター付きのトランクの動きを，時間を追って描いたものである．線路は水平で一直線であるとする．

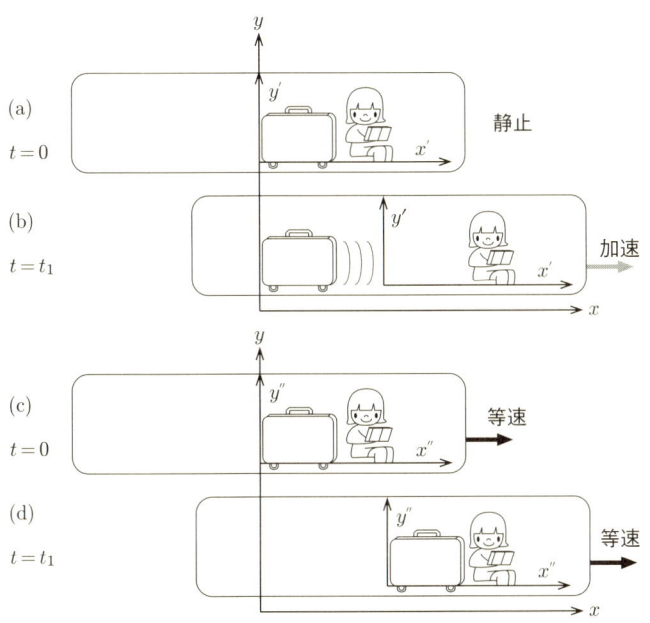

図 **1.18** 慣性座標系と非慣性座標系

図 1.18 (a) では，止まっている電車の中の乗客のそばにトランクが置いてある．そして，線路に平行に x 軸をとり，地上に固定した座標系 xy（これを慣性座標系とする）と電車内に固定した座標系 $x'y'$ を考え，トランクの左端の位置を時刻 $t=0$ で $x=0$ および $x'=0$ とする．

図 1.18 (b) は，電車が加速度 $\boldsymbol{a}$ で発車し，速度を上げながら進んでいるときの時刻 $t=t_1$ における情景である．電車内（$x'y'$ 座標系）で見ていると，トランクは $-\boldsymbol{a}$ の加速度で $-x'$ 方向（$x'y'$ 座標系は右に動いている）に動いていくが，地上（xy 座標系）から見ると，依然として $x=0$ のところに止まっている．

図 1.18 (c) は，発車後十分に時間が過ぎ，すでに等速度運動（速度 $\boldsymbol{v}_0$）を

している電車の中である．ここであらためて電車内の座標を $x''y''$ 座標系とする．そして乗客がトランクを左端が $x''=0$ になるようにおいた後，時刻 $t=0$ において，トランクの左端が $x=0$ を通り過ぎるとする．

図 1.18 (d) は，それから t_1 時間後の情景を示している．右に進む電車内では，トランクは依然として乗客の近くの $x''=0$ にある．しかし，地面に固定した xy 座標系から見ると，トランクは右に速度 v_0 で進んでおり，$x=v_0t_1$ のところに行っている．

あらためて図 1.18 を第 1，第 2 法則との関連で見てみよう．図 1.18 (a)〜(d) では，誰もトランクに手を触れていないので，外力はいっさい働いていない．したがって，図 1.18 (b) で，いつまでもトランクが $x=0$ から動かないことは第 1 法則に一致する．しかし電車内の $x'y'$ 座標系では，トランクが x' 方向に $-at$ の速さで動いており，第 1 法則が成立しない．また加速度 $-a$ で動きだすことは第 2 法則にも矛盾する．一方，等速度運動している床にトランクを置いた図 1.18 (c),(d) の場合は，xy 座標系で見るとトランクは等速度 v_0 で進み，$x''y''$ 座標系では停止したままである．両系において第 1，第 2 法則にしたがった運動をしている．

以上をまとめると，慣性座標系に対して加速度運動している座標系は非慣性座標系で，等速度運動している座標系は慣性座標系である．さらに運動の第 2 法則は慣性系でのみ成立する．このことは，ニュートン力学では第 2 法則が成立する座標系は慣性座標系であるといってもよい．このように，**第 1 法則は，単なる慣性の法則というだけでなく，第 2 法則が成立する基盤を与える**という重要な役目をしているのである．

第 3 法則には運動に関する表現がないので，運動に関係のない法則であると思うかもしれない．しかし外力は働いていないが，互いに相互作用を及ぼし合う 2 つの物体 A,B を考えるとき，もし作用反作用の法則が成立しない ($\boldsymbol{F}_{AB} \neq -\boldsymbol{F}_{BA}$) とすれば，$\boldsymbol{F}_{AB}+\boldsymbol{F}_{BA}=\Delta\boldsymbol{F}\neq 0$ となり，2 つの物体は $\Delta\boldsymbol{F}$ の作用によって動き出すことになる．つまり，外力が働かないのに動き出すのであるから，慣性の法則に矛盾する．慣性の法則（第 1 法則）は，$\boldsymbol{F}_{AB}+\boldsymbol{F}_{BA}=0$ すなわち $\boldsymbol{F}_{AB}=-\boldsymbol{F}_{BA}$ （第 3 法則）を要求する．逆にいえば，第 3 法則で規

定される力が，第1，第2法則の成立を約束するのである．したがって，第1，第2法則でいう力とは相互作用力のことである．このようにして，ニュートン力学は第1，第2，第3法則が**三位一体**となってできあがっているのである．

注意 地表を慣性座標系として扱ったが，地球は自転と公転をしているので一種の加速度座標系であり，地表は厳密にいうと慣性座標系ではない．このことは，次節および付録B.2節で説明されている．

1.2.5 慣性力（見かけの力）

加速度運動する座標系（加速している電車内）で，第2法則の運動方程式はそのままの形では成り立たない．それでは，電車内の人が観測する運動を正しく記述するためには，どうすればよいのだろうか？

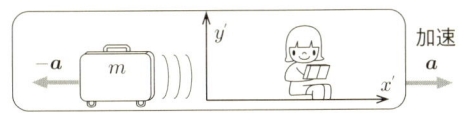

図 1.19 電車内の人から見たトランクの運動

図 1.18 (b) において，慣性系（地上の xy 座標系）に対して加速度 $\boldsymbol{a}$ で動く非慣性系（電車内の $x'y'$ 座標系）では，外力が働いていないのにトランクは加速度 $-\boldsymbol{a}$ で動いた．したがって，非慣性系（$x'y'$ 座標系）にいる乗客から見れば，図 1.19 に示すように，電車の加速度と逆向き（$-x'$ 方向）に大きさ ma（m：トランクの質量）の力がトランクに働いているように見える．この力は**慣性力（見かけの力）**と呼ばれ，

$$\boldsymbol{F}' = -m\boldsymbol{a} \tag{1.36}$$

と表される．

力学では，作用・反作用の相互作用の原因となる他の物体が存在しない場合に現れる力を**慣性力**と呼んでいるが，慣性力は，慣性に起因して非慣性系において現れる力である．

ここで注意するべきことは，電車内の乗客がこのトランクの動きを止めようとすれば，現実に ma だけの力が必要であり，乗客にとって慣性力は架空の作用でなく，現実に働く力であることである．したがって，外力が働いていない

場合の非慣性系（$x'y'$ 座標系）での運動方程式は，

$$m\frac{\mathrm{d}^2 \boldsymbol{r}'}{\mathrm{d}t^2} = \boldsymbol{F}' = -m\boldsymbol{a} \tag{1.37}$$

と表される．一方，相互作用による本当の力 $\boldsymbol{F}$ が働く場合，力 $\boldsymbol{F}$ は慣性座標系においても非慣性座標系においても働くので，等加速度 $\boldsymbol{a}$ で動く $x'y'$ 座標系での運動方程式は，力 $\boldsymbol{F}$ と慣性力 $\boldsymbol{F}'$ が質点に働くものとして次のように与えられる．

$$m\frac{\mathrm{d}^2 \boldsymbol{r}'}{\mathrm{d}t^2} = \boldsymbol{F} + \boldsymbol{F}' = \boldsymbol{F} - m\boldsymbol{a} \tag{1.38}$$

慣性力は加速度座標系である回転座標系においても現れる．その1つである**遠心力**は脱水機に利用されている．また**コリオリの力**と呼ばれる"慣性力"は北半球において台風が左回りの渦を巻く原因になっている．これらの慣性力については，付録B.2節「相対運動と慣性力（見かけの力）」で詳しく説明する．

1.2.6　力の単位

力の **SI** 単位はニュートン (N) で，運動の第2法則 (1.29) 式にしたがって，$1\,\mathrm{kg}$ の物体に $1\,\mathrm{m/s^2}$ の加速度を生じさせる力を $1\,\mathrm{N}$ という．したがって，$1\,\mathrm{N} = 1\,\mathrm{kg\cdot m/s^2}$ である．

1.3　運動方程式の解き方
　　　（加速度，速度，座標の求め方）

運動方程式を解くということは，運動の微分方程式を解いて，質点の加速度，速度，座標などを求めることである．そのためには，まず慣性座標を用いてニュートンの運動方程式を微分方程式として書かなければならない．

微分方程式とは，変数と関数およびその導関数間の関係を示す方程式である．したがって，加速度が座標の2次導関数または速度の1次導関数である運動方程式は微分方程式である．次に最も簡単な例として，x 軸上のいろいろな運動（1次元運動）の運動方程式の解き方を考えよう．この場合，加速度，速度，座標は，x 方向の成分だけを考えればよい．

1.3.1 運動方程式（加速度）から速度を求める

まず，運動方程式から，質点の速度が求まることを示そう．図 1.20 のように，水平でなめらかな x 軸上にある質量 m の質点に，$m\alpha$（α は定数）の一定の力が働いているものとして，質点の運動を考える．

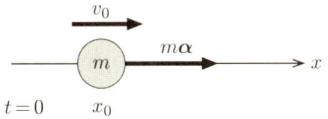

図 1.20　x 軸上の質点の運動

初期条件（運動を始める時刻における位置や速度などの条件）として，時刻 $t = 0$ に質点は x_0 の位置を正の向きに速さ v_0 で動いているとする．(1.20) 式より，加速度の x 方向の成分は $a_x = \dfrac{d^2 x}{dt^2}$ である．また，(1.30) 式の F_x に相当し，質量 m の質点に作用する力は $m\alpha$ であるから，ニュートンの運動方程式は次のように表される．

$$m\frac{d^2 x}{dt^2} = m\alpha \tag{1.39}$$

この式のように，微分（導関数）を含む式を**微分方程式**と呼ぶ．そしてこの場合は，加速度が x の 2 階の微分であることから，**2 階微分方程式**といわれる．

2 階微分方程式を解いて座標 x を求めることは，付録 C.6 節に見るように難解である．したがって，$\dfrac{d^2 x}{dt^2} = \dfrac{dv_x}{dt}$ の関係を用いて，(1.39) 式を速度 v_x を変数とする微分方程式に書き換え，それを解いて v_x を求めることにする．

$$m\frac{dv_x}{dt} = m\alpha \tag{1.40}$$

この式は v_x を変数とする **1 階微分方程式**である．次に両辺を m で割って簡単な形にする．

$$\frac{dv_x}{dt} = \alpha \tag{1.41}$$

この式から v_x を求める方法に，**不定積分法**，**定積分法** および **変数分離法** がある．以下に，それぞれの方法について簡単に説明するが，詳しい説明は付録 C 章に書いてある．

1.3.1.A 不定積分で解く

この方法には以下に示す 2 つの方法がある．

[A-1] 両辺を不定積分する

(1.41) 式の両辺をそれぞれ不定積分する．

$$\int \frac{dv_x}{dt} dt = \int \alpha \, dt$$

$$v_x + C_1 = \alpha t + C_2$$

$$\therefore \quad v_x = \alpha t + C \tag{1.42}$$

ここで，C_1, C_2 は積分定数であり，$C = C_2 - C_1$（定数）である．

次に，任意の時刻において，(1.42) 式が運動条件に合った速度を表すように積分定数 C を決める．既知の運動条件は初期条件であり，時刻 $t = 0$ のときの速度が v_0 であるから，(1.42) 式に $t = 0, v_x = v_0$ を代入して，

$$v_0 = \alpha \cdot 0 + C, \qquad \therefore \quad C = v_0$$

この結果を (1.42) 式に代入すれば，

$$v_x = \alpha t + v_0 \tag{1.43}$$

この式が，任意の時刻 t での速度と時間の関係を表す式である．

[A-2] 不定積分の表式にしたがう

$\dfrac{dv_x}{dt} = \alpha$ の関係があるとき，v は α の不定積分として，

$$v_x = \int \alpha \, dt \tag{1.44}$$

と表される．右辺の不定積分の一般解は 1 つの不定積分 αt （積分定数を含まない特殊解）と積分定数 C の和である．したがって，

$$v_x = \alpha t + C \tag{1.45}$$

(1.42), (1.45) 式は，ともに同じ結果を示しているので，[A-1], [A-2] のどちらの方法を使ってもよいことがわかる．わかりやすい方を使えばよい．初期条件から積分定数 C を決める方法は，[A-1] の場合とまったく同じである．

1.3.1.B 定積分で解く

任意の時刻 t での速度を求めるために，時刻 $t = 0$ で速さが v_0 であることを考慮して，(1.41)式の両辺を時刻 0 から t まで定積分すると，

$$（左辺）= \int_0^t \frac{dv_x}{dt} dt = [v_x(t) + C_1]_0^t = \bigl(v_x(t) + C_1\bigr) - \bigl(v_x(0) + C_1\bigr)$$

$$= v_x(t) - v_0$$

$$（右辺）= \int_0^t \alpha\, dt = [\alpha t + C_2]_0^t = \bigl(\alpha t + C_2\bigr) - \bigl(\alpha \cdot 0 + C_2\bigr)$$

$$= \alpha t$$

$$\therefore \quad v_x(t) = \alpha t + v_0 \tag{1.46}$$

となって，(1.45)式の結果が直接出てくる．C_1, C_2 は積分定数である．定積分の場合は，積分定数 C_1 および C_2 が常に計算の途中で消えるので，最初から積分定数を書かなくともよい便利さがある．また，左辺の定積分は常に $v_x(t) - v(0)$ となるので，(1.41)式の定積分を次のように覚えるのが便利である．

$$v_x(t) = \int_0^t \alpha\, dt + v(0) \tag{1.47}$$

しかし，付録 C.3 節に示すように，定積分による解法も，基本的には不定積分を求める力を必要とする．したがって，本書では主に不定積分による解法を例示することにした．

1.3.1.C 変数分離法で解く

(1.41)式の両辺に dt を掛けて変数分離を行ない，次式のように変形する．

$$dv_x = \alpha\, dt \tag{1.48}$$

すなわち，左辺の変数は v_x のみ，右辺の変数は t のみとなるように整理する（変数分離）．この場合，左辺の $\dfrac{dv_x}{dt} dt = dv_x$ は変数変換であるが，導関数 $\dfrac{dv_x}{dt}$ は dv_x を dt で割った分数であると考えてもよく，微分商とも呼ばれる．(1.48)式の形になれば，両辺をそれぞれ不定積分かまたは定積分することに

よって，v_x が求まる．たとえば，両辺を不定積分すると，

$$\int dv_x = \int \alpha dt$$

$$v_x + C' = \alpha t + C''$$

$$\therefore \quad v_x = \alpha t + C \tag{1.49}$$

ここで，C', C'' は積分定数であり，$C = C'' - C'$（定数）である．時刻 $t = 0$ で速さが v_0 である初期条件を代入すれば，$C = v_0$ となって，(1.49) 式は

$$v_x = \alpha t + v_0 \tag{1.50}$$

のように，他の方法と同じ結果が得られる．

1.3.1.D 式の読み換え

1 階微分方程式の解法に慣れたら，2 階微分方程式 (1.39) を，

$$\frac{d}{dt}\left(\frac{dx}{dt}\right) = \alpha \tag{1.51}$$

と考えてみよう．この式を，dx/dt の 1 階微分方程式と考えれば，上に述べた v の求め方とまったく同じ方法によって dx/dt を求めることができる．たとえば (1.44) 式と同様に，

$$\frac{dx}{dt} = \int \alpha \, dt$$

$$\therefore \quad \frac{dx}{dt} = \alpha t + C \tag{1.52}$$

$t = 0$ で $dx/dt = v_0$ の初期条件より，$C = v_0$ となって次式が得られる．

$$\frac{dx}{dt} = \alpha t + v_0 \tag{1.53}$$

この考え方の便利さは，速度から座標を求める場合に (1.53) 式をそのまま積分できることである．

多くの本では (1.40) 式の運動方程式から速度を求めているが，本書では運動方程式の解法に習熟するように，適時両方の解き方を用いる．

1.3.2 速度から座標を求める

図 1.20 のように，水平でなめらかな x 軸上にある質量 m の質点に，$m\alpha$ の一定の力が働いているとき，初期条件として，質点は時刻 $t = 0$ に x_0 の位

置を速さ v_0 で正の向きに動いているとすると，任意の時刻 t における速度は $v_x = \alpha t + v_0$ と表されることがわかった．

次に，この式（速度）から座標 $x(t)$ を求めてみよう．この式に，速度と座標の関係 $dx/dt = v_x$ を用いれば
$$\frac{dx}{dt} = \alpha t + v_0 \tag{1.54}$$
となり，(1.53) 式で求めた x の 1 階微分方程式となる．したがって，この式から x を求める方法は，運動方程式から速度を求める場合とまったく同じで，**不定積分法**，**定積分法**，**変数分離法**を用いることができる．

一例として，不定積分を用いて座標 x を求めてみよう．(1.54) 式より，座標 x は速度 $\alpha t + v_0$ の不定積分であるから，
$$\begin{aligned} x(t) &= \int (\alpha t + v_0) \, dt \\ &= \frac{1}{2} \alpha t^2 + v_0 t + C \end{aligned} \tag{1.55}$$
C は積分定数である．初期条件 $t = 0$, $x = x_0$ を (1.55) 式に代入すれば，
$$x_0 = \frac{1}{2} \alpha \cdot 0 + v_0 \cdot 0 + C \quad \text{より}, \quad C = x_0$$
$$\therefore \quad x(t) = \frac{1}{2} \alpha t^2 + v_0 t + x_0 \tag{1.56}$$

以上に述べた，1 次元運動の 1 階微分方程式の解き方は，2 次元，3 次元運動の場合にも適用されるので重要である．すなわち加速度，速度，位置はベクトル量であるから，いつも各座標軸方向の 1 次元運動に分解して考えることができる．そして，それらの微分方程式を解いて各座標成分を求めれば，それらの成分からベクトルの大きさや方向を求めることができ，2 次元や 3 次元の運動に戻ることができるのである．

2

質点の落下運動

2.1　1次元の等加速度運動

　運動方程式の解法を理解したところで，具体的な質点の運動について考えてみよう．最も基本的で身近な運動は，質点に作用する力が一定（等加速度）の直線運動である．この場合は，1つの座標で運動を表すことができる1次元運動である．身近に存在するこのような運動の例として，地球の引力に平行な運動と垂直な運動，すなわち鉛直方向と水平方向の運動を挙げることができる．鉛直方向の運動の場合は，地球の引力が一定の力になっており，また，水平方向の運動の場合は，地球の引力を無視することができる．以下に，これらの運動について，少し詳しく検討してみよう．

2.1.1　自由落下運動

　空気抵抗のない空間を，地球の引力だけを受けながら質点が落下する運動を，重力下の**自由落下運動**という．鉛直上方に投げ上げる場合も下方に投げ下ろす場合も，ともに最終的には落下するので自由落下運動として扱われる．ただし，初速度がゼロの場合のみを**自由落下**と呼ぶこともある．

　質点が鉛直方向以外の方向に初速度をもって投げられる場合は，2次元の運動となるので，通常は自由落下と区別して**放物運動**と呼ばれる．この運動については，第2.2節「2次元の等加速度運動（放物運動）」で述べる．

　自由落下運動の例として，地面より高さhの地点に静止している質量mの質点が，時刻$t=0$に初速度0で自由落下を始めるとし，任意の時刻tにおけ

る質点の速度と位置を求めてみよう．質点には**重力**以外の力は作用しないものとする．

重力は，質量 1 kg の物体に作用する**重力加速度** g [m/s^2] と質量 m [kg] の積である．重力加速度の大きさは $g \fallingdotseq 9.8$ m/s^2 である．

$$（重力）=（質量）\times（重力加速度）= m\boldsymbol{g} \tag{2.1}$$

いま，図 2.1 のように y 座標を鉛直線上にとり，上方を正の向き，地面を原点とする．このように y 座標を決めれば，質点の運動は y 座標に平行な落下運動となり，時刻 t における質点の位置を $y(t)$ と表すことができる．そして質点の加速度は，y 座標を時間 t で微分した $\mathrm{d}^2 y/\mathrm{d}t^2$ と表される．質点に作用する力は重力だけであり，大きさが mg で，y 軸の負の方向に作用することから $-mg$ である．これらの値を用いて，ニュートンの運動方程式を次のように書くことができる．

$$m\frac{\mathrm{d}^2 y}{\mathrm{d}t^2} = -mg \tag{2.2}$$

$$\therefore \quad \frac{\mathrm{d}^2 y}{\mathrm{d}t^2} = -g \tag{2.3}$$

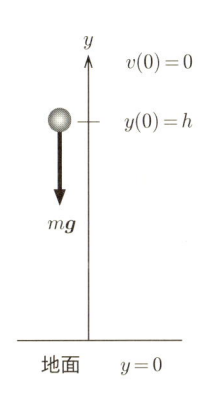

図 2.1 自由落下運動

この式は，第 1.3.1 節において，座標 x を y に，力 $m\alpha$ を $-mg$ に変えただけのまったく同じ形の運動方程式である．したがって，質点の速度と位置の求め方もまったく同じである．(2.3) 式の 2 階微分方程式から直接 v_y を求めることは難しいので，$\dfrac{\mathrm{d}^2 y}{\mathrm{d}t^2} = \dfrac{\mathrm{d}}{\mathrm{d}t}\dfrac{\mathrm{d}y}{\mathrm{d}t} = \dfrac{\mathrm{d}v_y}{\mathrm{d}t}$ の関係から速度 v_y の 1 階微分方程式に書き直す．

$$\frac{\mathrm{d}v_y}{\mathrm{d}t} = -g \tag{2.4}$$

(2.4) 式の解法には不定積分法，定積分法および変数分離法があり，それぞれに長所と短所がある．自由落下の運動については，比較のために，定積分法と不定積分法の解法を示すことにする．

まず，不定積分法によって速度を求めてみよう．(1.44) 式の関係から，

$$v_y(t) = \int (-g) dt$$

$$= -gt + C \tag{2.5}$$

C は積分定数であり，その値は初期条件から決定される．$t = 0$ のとき，質点は静止していたので $v_y(0) = 0$ である．この条件を (2.5) 式に代入すれば，

$$0 = -g \times 0 + C, \quad \therefore C = 0$$

を得る．この結果は，$C = 0$ とすれば，(2.5) 式は任意の時刻 t における運動条件に合った速度を表すことを示している．したがって，

$$v_y(t) = -gt \tag{2.6}$$

速度が求まったので，$\dfrac{dy}{dt} = v_y$ の関係から，(2.6) 式を

$$\frac{dy}{dt} = -gt \tag{2.7}$$

と y の 1 階微分方程式に書き直して，座標 $y(t)$ を求めることができる．

$$y(t) = \int (-gt) dt$$

$$= -\frac{1}{2} gt^2 + C' \tag{2.8}$$

ここで C' は積分定数である．(2.5) 式で積分定数 C を決めたように，$t = 0$ で $y(0) = h$ の初期条件を (2.8) 式に適用して，積分定数 C' を決める．

$$h = -\frac{1}{2} g \times 0 + C', \quad \therefore \quad C' = h$$

これを (2.8) 式に代入すれば，

$$y(t) = -\frac{1}{2} gt^2 + h \tag{2.9}$$

速度 v_y と座標 y が時間 t の関数として求まったところで，それらの関係をグラフに描いてみる．図 2.2 (a) は (2.6) 式を描いたものである．負の速度は y 座標の負の方向への運動（落下運動）を意味するので，落下の速度は時間に比例して速くなることを示している．また，図 2.2 (b) は (2.9) 式を描いたもので，地上からの高さが時間の 2 乗に比例して小さくなることを示している．別のいい方をすれば，質点の落下距離は時間の 2 乗に比例して大きくなっている．

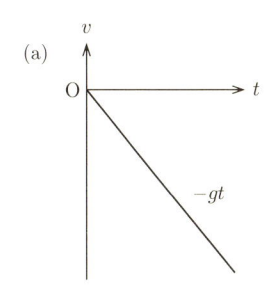

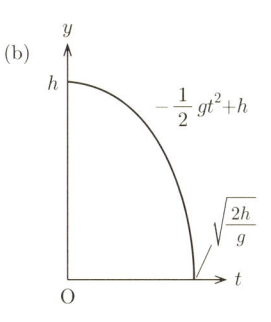

図 2.2 (a) 落下速度の時間変化.　(b) 質点の位置の時間変化

次に定積分法を用いて (2.4) 式から速度と座標を求めてみる.
$dv_y/dt = -g$ の両辺を $t = 0$ から任意の時刻 $t = t$ まで積分する.

$$\int_0^t \frac{dv_y}{dt} dt = \int_0^t -g dt$$

$$[v_y(t) + C_1]_0^t = [-gt + C_2]_0^t$$

$$v_y(t) - v_y(0) = -gt \tag{2.10}$$

C_1, C_2 は積分定数である. 初期条件より $v_y(0) = 0$ であるから,

$$v_y(t) = -gt \tag{2.11}$$

となって (2.6) 式と同じ解が得られた. 座標 y を求める場合は, $\dfrac{dy}{dt} = v_y$ の関係から, (2.11) 式を,

$$\frac{dy}{dt} = -gt \tag{2.12}$$

と書き換えて, 両辺を $t = 0$ から $t = t$ まで積分する.

$$\int_0^t \frac{dy}{dt} dt = \int_0^t (-gt) dt$$

$$[y(t) + C']_0^t = \left[-\frac{1}{2}gt^2 + C''\right]_0^t$$

$$y(t) - y(0) = -\frac{1}{2}gt^2$$

C', C'' は積分定数である. また, 初期条件より $y(0) = h$ であるから

$$y(t) = -\frac{1}{2}gt^2 + h \tag{2.13}$$

この式は, 不定積分法で求めた (2.9) 式と同じである.

30　第 2 章　質点の落下運動

自由落下の問題を不定積分法と定積分法で解いてみたが，どちらの方法で運動方程式を解いても，当然のことながら同じ結果が得られる．

例題 2.1. 真下に投げた場合の運動

図 2.3 のように，時刻 $t=0$ において，質量 m の質点が，高さ h の地点を鉛直下向きに速さ v_0 で落下する場合の，質点の運動について考える．

この運動は，図 2.1 の自由落下運動において，初速度を v_0 に変えただけのものである．したがって，計算方法はまったく同じなので，すでに述べた自由落下運動の計算を参考にしていただきたい．まず運動方程式を立てる．質点が落下している最中に質点に作用している力は，大きさ mg の重力だけである．力の向きは y 軸の負の向きなので $-mg$ として，

$$m\frac{d^2 y}{dt^2} = -mg$$

$$\therefore \quad \frac{d^2 y}{dt^2} = -g \tag{2.14}$$

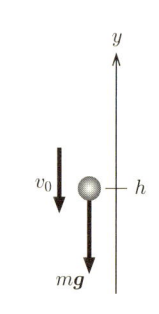

図 2.3　真下に投げた場合の運動

この式は，自由落下の場合の運動方程式 (2.3) とまったく同じである．

注意　初速度 v_0 で投げたときの力が，$-mg$ の重力とともに質点に作用したのではないかと質問されることがある．しかし，運動方程式の右辺に書く力とは，$t=0$ 以後の任意の時刻に質点に作用する力であって，$t=0$ 以前に初速度を与えるために使った力は，運動方程式には表れない．

不定積分法を用いて時刻 t における速度を求めてみよう．(2.14) 式より，

$$\frac{dv_y}{dt} = -g \tag{2.15}$$

$$\therefore \quad v_y(t) = \int (-g)\,dt$$

$$= -gt + C \tag{2.16}$$

C は積分定数である．$t=0$ で $v_y(0) = -v_0$ の初期条件を代入すれば $C = -v_0$ が得られる．これを (2.16) 式に代入すれば，

$$v_y(t) = -gt - v_0 \tag{2.17}$$

次に，速度 v_y から座標 y を求める．速度と座標の関係は $\mathrm{d}y/\mathrm{d}t = v_y(t)$ であるから，$y(t) = \int v(t)\,\mathrm{d}t$ である．ゆえに (2.17) 式より，

$$y(t) = \int (-gt - v_0)\,\mathrm{d}t$$

$$= -g \int t\,\mathrm{d}t - v_0 \int \mathrm{d}t$$

$$= -\frac{1}{2}gt^2 - v_0 t + C' \tag{2.18}$$

ここで，C' は積分定数である．初期条件 $t = 0$ で $y(0) = h$ を適用すれば $C' = h$ が得られる．したがって，(2.18) 式は次式となる．

$$y(t) = -\frac{1}{2}gt^2 - v_0 t + h \tag{2.19}$$

次に，(2.15) 式から定積分によって速度と座標を求めてみよう．$t = 0$ で $v_y(0) = -v_0$ の初期条件で，両辺を $t = 0$ から $t = t$ まで積分すれば，

$$\int_0^t \frac{\mathrm{d}v_y}{\mathrm{d}t}\,\mathrm{d}t = \int_0^t (-g)\,\mathrm{d}t$$

$$v_y(t) - v_y(0) = -gt$$

$$\therefore \quad v_y(t) = -gt - v_0 \tag{2.20}$$

この式を $v_y(t) = \dfrac{\mathrm{d}y}{\mathrm{d}t}$ として，両辺を $t = 0$ から $t = t$ まで積分すれば，

$$y(t) - y(0) = \int_0^t (-gt - v_0)\,\mathrm{d}t$$

$$= -\frac{1}{2}gt^2 - v_0 t$$

初期条件から $y(0) = h$ であるから，(2.19) 式が得られる．

$$y(t) = -\frac{1}{2}gt^2 - v_0 t + h$$

例題 2.2. 真上に投げた場合の運動

....

自由落下運動の例題として，図 2.4 のように，$y = h$ の高さにある質量 m の質点を，時刻 $t = 0$ において，鉛直上方へ速度 v_0 で放出する場合を考える．

この場合も，質点に作用している力は，大きさ mg の重力だけで，その向きも考慮して $-mg$ とすると，ニュートンの運動方程式は，例題 2.1 とまったく同じ式になる．

$$m\frac{d^2y}{dt^2} = -mg \qquad (2.21)$$

$$\therefore \quad \frac{d^2y}{dt^2} = -g \qquad (2.22)$$

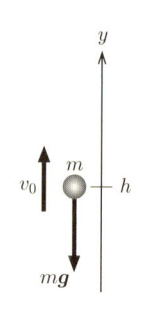

図 2.4 真上に投げた場合の運動

注意 式の右辺に書く力は，質点を放出するときの力ではなく，放出後に空中を飛んでいるときに質点に作用する力のことであるから，その力は地球の引力（重力）$-mg$ のみであり，自由落下の場合と同じになるのである．

本例題では，(2.22) 式を $\dfrac{d}{dt}\left(\dfrac{dy}{dt}\right) = -g$ と読み替えて，速度を $\dfrac{dy}{dt}$ として求めてみよう．

$$\frac{dy}{dt} = \int (-g)\,dt$$

$$= -gt + C \qquad (2.23)$$

ここで C は積分定数である．初期条件は，$t=0$ において $\dfrac{dy}{dt} = v_0$ であるから，この条件を (2.23) 式に代入すれば

$$v_0 = -g \times 0 + C, \qquad \therefore C = v_0$$

である．この結果を (2.23) 式に代入すれば，次式が得られる．

$$\frac{dy}{dt} = -gt + v_0 \qquad (2.24)$$

速度が求まったので，次に座標を求める．上式より

$$y(t) = \int (-gt + v_0)\,dt$$

$$= -\frac{1}{2}gt^2 + v_0 t + C' \qquad (2.25)$$

初期条件は $t=0$ で $y(0) = h$ であるから $C' = h$．したがって (2.25) 式は

$$y(t) = -\frac{1}{2}gt^2 + v_0 t + h \qquad (2.26)$$

となる．

2.1.2 束縛運動

電車がレール上を走る場合や，物体が斜面上を落下する場合（図 2.5 (a)），および第 3.4 節に出てくる単振り子の場合（図 2.5 (b)）のように，物体が定まった軌道上を動くように制限されている運動を**束縛運動**という．

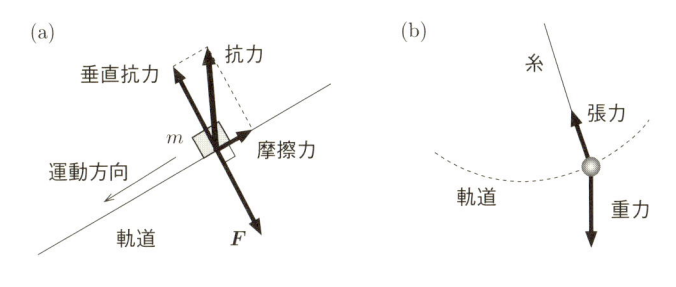

図 2.5 (a) 斜面上の落下運動.　(b) 単振り子の運動

図 2.5 (a) のように，質点 m が力 $\bm{F}$ で斜面を垂直に押すとき，斜面は $\bm{F}$ と大きさが等しく方向が反対の力（**垂直抗力**）で押し返す．したがって，質点は斜面から沈むことも飛び上がることもなく，常に斜面上を運動することになる．この場合の垂直抗力のように，運動の方向を制限する力を**束縛力**という．図 2.5 (b) の場合は糸の張力が束縛力であり，張力は質点が軌道の外側に運動しようとする力と常につり合っている．一般的に束縛力の方向が物体の運動方向に垂直であるとき，すなわち次節で説明する摩擦力がない運動の場合，この束縛力を**なめらかな束縛力**という．このなめらかな束縛力は物体の運動方向に垂直であるために，物体の速度の方向を変えることはあっても，大きさを変えることはない．摩擦がある場合は，摩擦力と垂直抗力をベクトル的に加えたものを**抗力**という．

例題 2.3. 水平でなめらかな平面上の運動
....

図 2.6 に示すように，水平でなめらかな平面上にある質量 m の質点が，時刻 $t=0$ に x_0 の位置から速さ v_0 で x 方向に放出される場合の，質点の束縛運動を調べてみよう．運動中に x 軸方向の力は作用しないとする．

ここで，水平な平面とは，質点の運動には重力の影響が無視できることを意

味しており，**なめらかな平面**の上とは，質点と平面の間に摩擦がないことを意味している．したがって，運動方向に関しては如何なる力も作用していない．このことを考慮して，運動方程式を立ててみよう．

図 2.6 のように，x 方向に働く力は 0 で，質点の運動方向と x 軸の方向は同じである．運動方程式は，

$$m\frac{d^2x}{dt^2} = 0 \quad \text{または} \quad \frac{d^2x}{dt^2} = 0 \tag{2.27}$$

となる．両辺を積分して速度 $\dfrac{dx}{dt}$ を求める．

$$\int \left(\frac{d^2x}{dt^2}\right) dt = \int 0\, dt$$

$$\frac{dx}{dt} + C' = C_0 + C''$$

$$\frac{dx}{dt} = C \quad (C = C_0 - C' + C'') \tag{2.28}$$

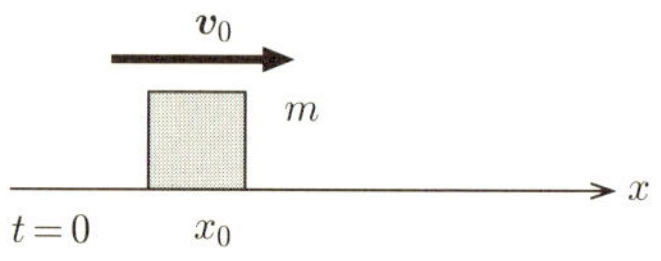

図 2.6 水平でなめらかな平面上の運動

ここで，C, C', C'', C_0 はすべて定数であり，C', C'' は積分定数，C_0 は 0 の不定積分としての定数である．そして 3 つの定数をまとめて新たな定数 C と書いたものである．計算に慣れてきたら直接 (2.28) 式を書いてもよい．

初期条件を使って C を決める．$t = 0$ のときの速度は $v_x(0) = v_0$ という条件であるが，(2.28) 式の右辺には t がないので，右辺は常に C である．したがって，$C = v_0$ が得られる．これを (2.28) 式に代入すれば

$$\frac{dx}{dt} = v_0 \tag{2.29}$$

となる．この結果は，質点に力が作用しないとき，質点はいつまでも初速度で等速運動を続けることを示しており，これは，慣性の法則が主張していることである．

また，(2.27) 式の $m\dfrac{d^2x}{dt^2} = 0$ は，運動量を用いて表せば $m\dfrac{d^2x}{dt^2} = m\dfrac{dv_x}{dt} = \dfrac{d(mv_x)}{dt} = \dfrac{dp_x}{dt} = 0$ となり，最後の等式を積分すれば，

$$p_x = \int 0\, dt = C \quad (\text{一定}) \tag{2.30}$$

となる．これは，

質点に外力が働かないか外力の和が 0 のとき，運動量は保存される．

ことを表しており，このことを**運動量保存の法則**という．

質点の位置は，(2.29) 式の速度から以下のように求められる．

$$\begin{aligned} x(t) &= \int v_0 \, \mathrm{d}t \\ &= v_0 t + C \end{aligned} \tag{2.31}$$

ここで C は積分定数である．C を決めるための条件は，$t = 0$ で x_0 にいることであるから，これを上式に当てはめれば

$$x(0) = x_0 = v_0 \times 0 + C, \qquad \therefore C = x_0$$

これを (2.31) 式に代入すれば次式が得られる．

$$x(t) = v_0 t + x_0 \tag{2.32}$$

例題 2.4. なめらかな斜面上の落下運動

少し変わった1次元運動として，図2.7のように，水平面に対して角度 θ をなすなめらかな斜面上を，質量 m の質点が重力の作用を受けながら落下する運動について考える．なめらかな斜面であるから，摩擦力を考える必要はない．

まず，質点の運動を1次元の運動として記述するために，y 軸を図 2.7 のように斜面に平行にとる．次に，y 方向の運動方程式を書くために，質点に働く重力 mg の斜面に平行な成分 F（y 軸方向の成分）を求める．図において点 c はベクトル mg と斜面との交点，点 e は質点の中心 d を通り斜面に平行な直線とベクトル mg の終点 f から下ろした垂線の交点，点 b は mg の延長線と水平線の交点である．三角形 abc と三角形 fed において，∠abc= ∠fed= （直角）であり，また ac と ed は平行なので，∠acb= ∠fde であるから，∠cab= ∠dfe= θ となる．したがって，

$$F = mg \sin \theta. \tag{2.33}$$

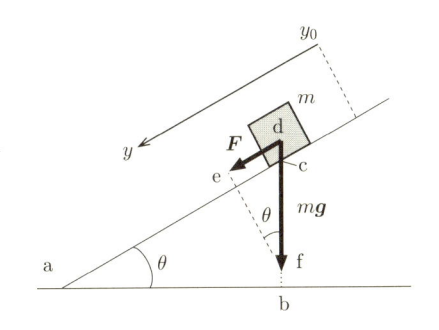

図 2.7　なめらかな斜面上の落下

重力の y 方向の成分を用いて，y 方向の運動方程式は次のように表される．

$$m\frac{\mathrm{d}^2 y}{\mathrm{d} t^2} = mg\sin\theta \tag{2.34}$$

この式は，自由落下の運動方程式 (2.2) において，重力 $-mg$ を $mg\sin\theta$ と書き換えたものになっている．$-$ の符号が消えたのは，y 軸の正の向きを質点の落下する向きに選んだためで，運動の本質が変わったものではない．

自由落下の場合と同様な計算によって，静止している質点が $t=0$ に斜面上の $y(0)=y_0$ から落下し始める場合の，速度と座標を求める．(2.34) 式より，

$$\frac{\mathrm{d}^2 y}{\mathrm{d} t^2} = g\sin\theta \tag{2.35}$$

$$\therefore\ \ \frac{\mathrm{d} y}{\mathrm{d} t} = \int g\sin\theta\,\mathrm{d} t$$

$$= (g\sin\theta)t + C \tag{2.36}$$

$t=0$ で落下し始めるという初期条件は，$t=0$ で $\dfrac{\mathrm{d} y}{\mathrm{d} t}=0$ を意味するので，

$$0 = (g\sin\theta)\,0 + C \quad \text{より，} \quad C = 0,$$

$$\therefore\ \ \frac{\mathrm{d} y}{\mathrm{d} t} = (g\sin\theta)\,t \tag{2.37}$$

次に，質点の座標 $y(t)$ を求める．上式の速度を t で積分して，

$$y(t) = \int (g\sin\theta)\,t\,\mathrm{d} t$$

$$= \frac{g\sin\theta}{2}t^2 + C' \tag{2.38}$$

初期条件は $t=0$ で $y(0)=y_0$ であることより，

$$y_0 = \frac{g\sin\theta}{2}\times 0 + C' \quad \text{より，} \quad C' = y_0$$

$$\therefore\ \ y(t) = \frac{g\sin\theta}{2}t^2 + y_0 \tag{2.39}$$

2.1.3　摩擦のある平面上の運動

現実には完全になめらかな床や斜面はなく，質点が床の上や斜面上を滑りながら運動する場合は**摩擦力**が生じる．摩擦力は質点が運動しようとする方向と逆方向を向いており，その大きさは，床面や斜面が質点を面に垂直方向に押す

垂直抗力（質点が床や斜面を押す力の面に垂直な成分とつり合っている）に比例する．その比例係数を**摩擦係数**という．摩擦係数には，質点が面上に静止している場合の**静止摩擦係数** μ と，質点が面上を滑っている場合の**運動摩擦係数** μ' があり，$\mu > \mu'$ である．摩擦力は接触面の性質に依存しており，接触面の面積には無関係である．静止摩擦力 $\boldsymbol{F}_f$ と垂直抗力 $\boldsymbol{N}$ の大きさの間には $F_f \leqq \mu N$ の関係があり，また，運動摩擦力 $\boldsymbol{F}'_f$ と垂直抗力 $\boldsymbol{N}$ の大きさの間には $F'_f = \mu' N$ の関係がある．μ' は質点の速度に依存しない．

図 2.8 のように，摩擦のある水平面上において，外力 $\boldsymbol{F}$ が作用しているにもかかわらず，質点が静止している場合は，静止摩擦力 $\boldsymbol{F}_f$ の大きさが外力に比例して変わり，2 つの力はつり合っている．しかし，静止摩擦力の大きさには上限があり，外力に抗しきれず動きだすときに最大 (μN) となる．これを**最大静止摩擦力**という．このとき，

$$\mu N = F_f \tag{2.40}$$

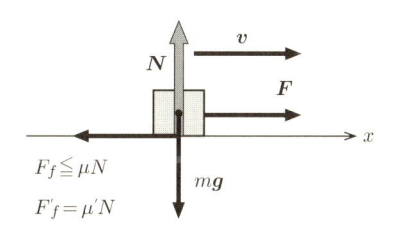

図 2.8 水平で摩擦のある床上の運動

となり，最大静止摩擦力から静止摩擦係数 μ を求めることができる．

摩擦のある床の上を質点が運動する場合を考える．この場合は，質点の運動を妨げるように運動摩擦力 $\boldsymbol{F}'_f$ が働く．図 2.8 の場合は垂直抗力の大きさが mg であるから，運動摩擦力の大きさは $F'_f = \mu' mg$ であり，運動方向と逆の方向を向いている．したがって，x 方向の力の成分の和は $F - F'_f$ つまり，$F - \mu' mg$ であるから，運動方程式は，

$$m \frac{d^2 x}{dt^2} = F - \mu' mg$$

$$\therefore \quad \frac{d^2 x}{dt^2} = \frac{F}{m} - \mu' g \tag{2.41}$$

となる．運動摩擦係数は速度にはほとんど依存しないので，右辺の力の和は定数と考えてよい．したがって (2.41) 式は等加速度運動を表しており，自由落下の問題と同様な方法で解くことができる．

例題 2.5. 摩擦のある斜面上の落下運動

図 2.9 のように，斜面に平行下向きに y 軸をとる．重力によって質点が摩擦のある斜面を滑り落ちる運動も，なめらかな斜面を落下する場合と類似の運動となる．運動摩擦係数を μ' とする．斜面が質量 m の質点に及ぼす垂直抗力 N の大きさは，質点が斜面を押す力の垂直成分（mg の斜面に垂直方向の成分）に等しいので，$mg\cos\theta$ である．

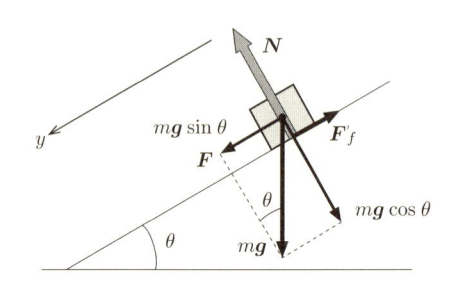

図 2.9　摩擦のある斜面上の落下

したがって，運動の方向を考慮すると，摩擦力は

$$F'_f = -\mu' N = -\mu' mg\cos\theta$$

である．質点が受ける y 軸方向の力は，重力の斜面に平行な分力 F と摩擦力 F'_f の和であるから，運動方程式は

$$m\frac{d^2 y}{dt^2} = F + F'_f = mg\sin\theta - \mu' mg\cos\theta = mg(\sin\theta - \mu'\cos\theta)$$

$$\therefore \quad \frac{d^2 y}{dt^2} = g(\sin\theta - \mu'\cos\theta) \tag{2.42}$$

となって，なめらかな斜面を落下する (2.35) 式の場合よりも，$\mu' g\cos\theta$ だけ加速度が小さくなっている．(2.42) 式の右辺は時間的に変わらない定数になっているので，等加速度運動として解くことができる．

2.2　2 次元の等加速度運動（放物運動）

地上から物体を斜め上方に投げるとき，物体の通る軌跡は重力に平行な 1 つの平面内（**鉛直面**）にあり，**放物曲線**といわれる（厳密には，空気抵抗やコリオリの力が作用するので，放物曲線からずれる）．

この節では，質点の 2 次元運動として，いろいろな鉛直面内の放物運動を扱うことにする．2 次元空間の運動といえども，x 方向と y 方向の成分に分けて

2.2 2次元の等加速度運動(放物運動)

考えることになるので,1次元運動を別々に計算することに等しく,1次元の運動を理解している人には,簡単な問題である.

最初に,質点を斜め上方に投げた場合の質点の運動について考える.図2.10のように,質点の通る鉛直面内において,y軸を鉛直上向きに,x軸を水平右向きにとる.そして,時刻 $t=0$ において,$x=0$, $y=h$ の地点にある質量 m の質点を,水平方向より角度 θ だけ上に向けて初速度 v_0 で放出するものとする.

xy 平面内の2次元運動を考えるためには,(1.30)式の x 軸方向と y 軸方向の運動方程式を別々に書き,それらを解いて速度や位置の x, y 成分を求めなければならない.したがって,x, y 軸方向の運動条件を別々に表す必要がある.

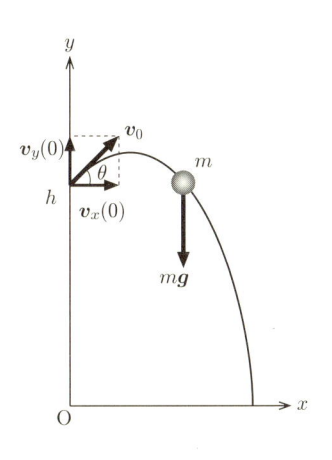

図2.10 放物運動

題意により,$t=0$ における質点の位置,速度の x, y 軸方向成分は,それぞれ,$x=0$, $y=h$, $v_x(0) = v_0\cos\theta$, $v_y(0) = v_0\sin\theta$ である($\boldsymbol{v}_0$ の x, y 軸成分の求め方は付録A.6節を参照).また,質点に働く力は鉛直方向の重力 $m\boldsymbol{g}$ だけであり,その x 方向成分 F_x は0,y 方向成分 F_y は $-mg$ である.

以上の条件から,x, y 方向の運動方程式は次のようになる.

$$m\frac{d^2x}{dt^2} = 0 \tag{2.43}$$

$$m\frac{d^2y}{dt^2} = -mg \tag{2.44}$$

1次元運動を思い出してみると,x 方向は力の働かない水平でなめらかな平面上での運動方程式,y 方向は自由落下の場合の運動方程式とまったく同じであることがわかる.したがって,放物運動はこれらの運動を同時に行なっていることになる.2つの式を m で割って次のように書き換える.

$$\frac{d^2x}{dt^2} = 0 \tag{2.45}$$

$$\frac{d^2y}{dt^2} = -g \tag{2.46}$$

1次元運動の場合と同様にして速度 $dx/dt, dy/dt$ を求めれば

$$\frac{\mathrm{d}x}{\mathrm{d}t} = \int 0\,\mathrm{d}t = C \tag{2.47}$$

$$\frac{\mathrm{d}y}{\mathrm{d}t} = \int (-g)\,\mathrm{d}t = -gt + C' \tag{2.48}$$

これらの式に，$t=0$ のとき $v_x(0) = v_0\cos\theta$, $v_y(0) = v_0\sin\theta$ の初期条件を代入すれば $C = v_0\cos\theta$, $C' = v_0\sin\theta$ を得る．これを (2.47), (2.48) 式に代入すれば，任意の時刻 t における x, y 方向の速度を表す式が得られる．

$$\frac{\mathrm{d}x}{\mathrm{d}t} = v_0\cos\theta \tag{2.49}$$

$$\frac{\mathrm{d}y}{\mathrm{d}t} = -gt + v_0\sin\theta \tag{2.50}$$

次に，これらの式より質点の座標を求めてみよう．

$$x = \int (v_0\cos\theta)\,\mathrm{d}t$$

$$= (v_0\cos\theta)t + C_1 \tag{2.51}$$

$$y = \int (-gt + v_0\sin\theta)\,\mathrm{d}t$$

$$= -\frac{1}{2}gt^2 + (v_0\sin\theta)t + C_2 \tag{2.52}$$

初期条件から C_1, C_2 を決定する．$t=0$ のとき $x=0, y=h$ より

$$0 = (v_0\cos\theta)\cdot 0 + C_1 \quad \therefore C_1 = 0$$

$$h = -\frac{1}{2}g\cdot 0^2 + (v_0\sin\theta)\cdot 0 + C_2 \quad \therefore C_2 = h$$

これらの値を (2.51),(2.52) 式に代入すれば x, y 座標が得られる．

$$x = (v_0\cos\theta)t \tag{2.53}$$

$$y = -\frac{1}{2}gt^2 + (v_0\sin\theta)t + h \tag{2.54}$$

図 2.10 のような質点の軌跡を描くには，(2.53),(2.54) 式から t を消去して，x と y の関係を求めればよい．(2.53) 式より $t = \dfrac{x}{v_0\cos\theta}$ であるから，これを (2.54) 式に代入すれば

$$y = -\frac{g}{2}\frac{x^2}{(v_0\cos\theta)^2} + \frac{v_0\sin\theta}{v_0\cos\theta}x + h$$

$$= -\frac{gx^2}{2(v_0\cos\theta)^2} + (\tan\theta)x + h \tag{2.55}$$

例題 2.6. 水平方向に投げられた質点の運動

質点を水平方向に投げるときの，質点の運動を考えよう．図 2.11 に示すように，y 軸を鉛直上向きに，x 軸を水平で質点が飛ぶ向きにとる．そして，時刻 $t=0$ において，$x=0$, $y=h$ の地点から質量 m の質点を水平方向に初速度 v_0 で投げるものとする．ただし，質点には重力のみが作用するとする．

以上の条件から，運動方程式を書くために必要な条件をまとめると，質点の質量は m，質点に作用する力の x, y 軸方向成分は，それぞれ $F_x = 0$ および $F_y = -mg$ である．したがって，x, y 軸方向の運動方程式は，斜め上方に投げた場合とまったく同じになる．

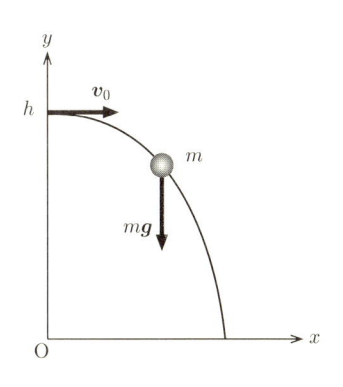

図 2.11 放物運動 2

$$m\frac{\mathrm{d}^2 x}{\mathrm{d}t^2} = 0 \tag{2.56}$$

$$m\frac{\mathrm{d}^2 y}{\mathrm{d}t^2} = -mg \tag{2.57}$$

すなわち，運動している間に質点に働く力が同じであるために，運動方程式は同じとなったのである．

両辺を m で割って，$\dfrac{\mathrm{d}^2 x}{\mathrm{d}t^2} = 0$ および $\dfrac{\mathrm{d}^2 y}{\mathrm{d}t^2} = -g$ とした後に，これらの式から x, y 軸方向の速度を求めれば

$$\frac{\mathrm{d}x}{\mathrm{d}t} = \int 0\,\mathrm{d}t = C \tag{2.58}$$

$$\frac{\mathrm{d}y}{\mathrm{d}t} = \int (-g)\,\mathrm{d}t = -gt + C' \tag{2.59}$$

ここまでは斜め上方に投げた場合とまったく同じ式が得られた．しかし，初期条件の違いは積分定数 C および C' に現れる．

C および C' を決める初期条件は，$t=0$ で $v_x(0) = v_0$ および $v_y(0) = 0$ である．これらを (2.58), (2.59) 式に代入して

$$v_0 = C \quad \therefore C = v_0$$

$$0 = -g \cdot 0 + C' \quad \therefore C' = 0$$

を得る．これを (2.58),(2.59) 式に代入すれば速度が得られる．

$$\frac{dx}{dt} = v_0 \tag{2.60}$$

$$\frac{dy}{dt} = -gt \tag{2.61}$$

この x, y 軸方向の速度を積分して質点の座標を求める．

$$x = \int v_0 \, dt = v_0 t + C_1 \tag{2.62}$$

$$y = \int (-gt) \, dt = -\frac{1}{2} g t^2 + C_2 \tag{2.63}$$

$t = 0$ のとき $x(0) = 0, y(0) = h$ の初期条件を当てはめて C_1, C_2 を決定する．

$$0 = v_0 \cdot 0 + C_1 \qquad \therefore C_1 = 0$$

$$h = -\frac{1}{2} g \, 0^2 + C_2 \qquad \therefore C_2 = h$$

これらの値を (2.62),(2.63) 式に代入すれば

$$x = v_0 t \tag{2.64}$$

$$y = -\frac{1}{2} g t^2 + h \tag{2.65}$$

となる．この結果から図 2.11 のような質点の軌跡を図に描くには，2 式から t を消去して，x と y の関係を求めればよい．(2.64) 式より $t = x/v_0$ であるから，これを (2.65) 式に代入すれば

$$y = -\frac{g}{2v_0{}^2} x^2 + h \tag{2.66}$$

となって，簡潔な放物曲線の式が得られる．■

問 2.1. 例題 2.6 で考察した質点の運動において，質点が地上に落下する時刻，および地面に衝突するときの速さを求めよ．

解 落下時刻に $y = 0$ となることから，(2.65) 式で $y = 0$ とすれば時刻は $t = \sqrt{2h/g}$ である．(2.60),(2.61) 式より，この時刻における速度の x, y 成分は $v_x = v_0, v_y = -\sqrt{2gh}$ であるから，速さは $v = \sqrt{v_0{}^2 + 2gh}$ である．

例題 2.7. 質点をリンゴに当てる
....
　ウイリアムテルが，わが子の頭に載せたリンゴを，弓矢で射る物語は有名で

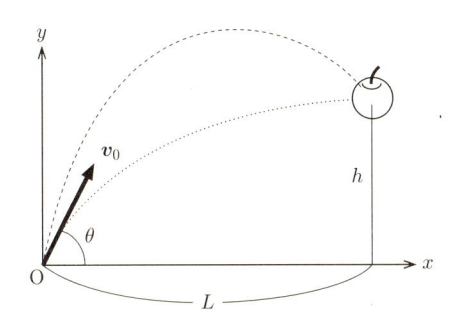

2.2 2次元の等加速度運動（放物運動）

図 2.12 放物運動

ある．本書では，弓矢を質点と考え，地上から初速度 v_0 で発射された質量 m の質点が，水平距離 L の前方で h の高さにあるリンゴに当たるための，発射角 θ を求めることにする．

本例題での質点の運動は，発射地点が地上であることを除けば，斜め上方に投げられた質点の運動とまったく同じである．新しい点は，座標を表す式を求めた後に，$x(t) = L$ に到達する時刻 t を求め，そのときに $y(t) = h$ となるように θ を決定することである．したがって，座標を t の関数として求めるところまでは簡単に説明するので，詳しくは斜め上方に投げられた質点の運動の解法を参照すること．

質点が飛行中に受ける力は重力のみであるから，x, y 座標を図 2.12 のようにとれば，x, y 軸方向の運動方程式は次式のようになる．

$$m\frac{\mathrm{d}^2 x}{\mathrm{d}t^2} = 0 \quad \text{および} \quad m\frac{\mathrm{d}^2 y}{\mathrm{d}t^2} = -mg \tag{2.67}$$

これらを積分し，初速度の成分 $v_x = v_0 \cos\theta$ および $v_y = v_0 \sin\theta$ から積分定数を決めれば，速度の x, y 成分は次式のように求まる．

$$v_x(t) = v_0 \cos\theta \quad \text{および} \quad v_y(t) = -gt + v_0 \sin\theta \tag{2.68}$$

次に，上式を積分して，初期条件（$t = 0$ のとき $x = 0, y = 0$）から積分定数を決めれば，次式のように座標が求まる．

$$x = (v_0 \cos\theta)t \tag{2.69}$$

$$y = -\frac{1}{2}gt^2 + (v_0 \sin\theta)t \tag{2.70}$$

次に，質点がリンゴに当たるための θ の条件を求める．まず (2.69) 式で $x = L$ とし，水平距離で質点がリンゴの位置に到達する時刻 t を求める．$L = (v_0 \cos\theta)t$ より

$$t = \frac{L}{v_0 \cos\theta} \tag{2.71}$$

である．この時刻 t に（$x = L$ の地点で）質点が h の高さを通れば，質点はリンゴに当たることになるので，(2.70) 式に $y = h$ および t の値を代入する．

$$h = -\frac{1}{2}g\left(\frac{L}{v_0 \cos\theta}\right)^2 + (v_0 \sin\theta)\frac{L}{v_0 \cos\theta}$$

$\dfrac{1}{\cos^2\theta} = \tan^2\theta + 1$ であるから，$h = -\dfrac{gL^2}{2v_0^2}\left(\tan^2\theta + 1\right) + L\tan\theta$

$$\therefore \tan^2\theta - \frac{2v_0^2}{gL}\tan\theta + \frac{2v_0^2 h + gL^2}{gL^2} = 0 \tag{2.72}$$

2 次方程式の解の公式より

$$\tan\theta = \frac{v_0^2}{gL} \pm \sqrt{\frac{v_0^4}{g^2 L^2} - \frac{2v_0^2 h + gL^2}{gL^2}}$$

$$= \frac{1}{gL}\left(v_0^2 \pm \sqrt{v_0^4 - 2v_0^2 gh - g^2 L^2}\right) \tag{2.73}$$

ここで，θ が実数であるためには，$v_0^2 \geq g\left(h + \sqrt{h^2 + L^2}\right)$ である．(2.73) 式をみたす θ で質点を発射すれば，質点はリンゴに当たることになるので，この式は 2 つの解があることを示している．図 2.12 からわかるように，大きい θ では，質点が最高点を通過して落下するときにリンゴに当たり，小さい θ では，質点が最高点に到達する前にリンゴに当たる．

2.3 非等加速度運動

　質点に作用する力が時間とともに変わるとき，またはロケットのように推進力が一定でも，質量が時間とともに変わるとき，運動方程式からわかるように，加速度は一定でない．このような運動の例としてよく引用されるのが，雨滴の落下運動である．雨滴には一定の大きさの重力の他に，速度に比例する空気の粘性抵抗が作用している．雨滴を質点と考えれば，大きさが 0 であるから粘性抵抗はないはずであるが，モデル化して，質点には速度に比例した**抵抗力**が働くものとする．この問題は変数分離法による解法の練習に最適である．

例題 2.8. 自動車の惰性走行

はじめに，速度に比例する抵抗力のみが働く運動について考える．自動車がエンジンを止め，惰性で走る場合に相当する．すなわち，図2.13のように，質量 m の質点が速度 v で x 軸の正の向きに運動

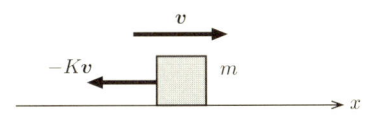

図 2.13 水平でなめらかな床の上の運動

するとき，質点には速度の逆向き（x 軸の負の向き）に大きさ Kv の空気抵抗（K は比例定数）が働き，速度が次第に減速していくことを考える．質点は時刻 $t=0$ において，$x=0$ の地点を初速度 $v(0)=v_0$ で運動しているものとする．

質点に働く力は $-Kv$（速度に逆向きなので − の負符号がつく，$-x$ 方向に働くためではない）のみで，運動方程式は

$$m\frac{dv}{dt} = -Kv$$

である．ここで $K=mk$ とおき，変数分離して次のように書き換える

$$\frac{dv}{v} = -k\,dt \tag{2.74}$$

まず，不定積分で速度 v を求める．両辺を不定積分すれば

$$\int \frac{dv}{v} = -\int k\,dt \quad \text{より}, \quad \log v(t) = -kt + C$$

$$\therefore \quad v(t) = e^{-kt+C} = e^{-kt}e^C \tag{2.75}$$

初期条件 $t=0$ で $v(0)=v_0$ より，$e^C = v_0$．したがって，

$$v(t) = v_0 e^{-kt} \tag{2.76}$$

(2.76) 式を積分して座標 $x(t)$ を求める．

$$x(t) = \int v(t)\,dt = \int v_0 e^{-kt}\,dt = -\frac{v_0}{k}e^{-kt} + C'$$

これに初期条件 $t=0, x=0$ を代入すると，$C' = \dfrac{v_0}{k}$ が得られる．

$$\therefore \quad x(t) = \frac{v_0}{k}\left(1 - e^{-kt}\right)$$

したがって，

$$x(t) = \frac{mv_0}{K}\left(1 - e^{-\frac{Kt}{m}}\right) \tag{2.77}$$

(2.77) 式で $t \to \infty$ とすると，$e^{-\frac{Kt}{m}} \to 0$ となり，$x(\infty)$ は限りなく $\dfrac{mv_0}{K}$

に近づくが，質点の動く距離は $\dfrac{mv_0}{K}$ を超えないことになる．

次に定積分で v を求めよう．(2.74) 式の両辺を定積分する．

$$\int_{v(0)}^{v(t)} \frac{\mathrm{d}v(t)}{v(t)} = -\int_0^t k\,\mathrm{d}t \quad \text{より}, \quad [\log v(t)]_{v(0)}^{v(t)} = -[kt]_0^t$$

$$\log v(t) - \log v(0) = -kt \quad \text{より}, \quad \log\frac{v(t)}{v_0} = -kt$$

$$\therefore \quad v(t) = v_0 e^{-kt} \tag{2.78}$$

さらに，(2.78) 式の両辺を時間で定積分して座標を求める．

$$\int_0^t v(t)\,\mathrm{d}t = \int_0^t v_0 e^{-kt}\,\mathrm{d}t \quad \text{より}, \quad [x(t)]_0^t = \left[-\frac{v_0}{k}e^{-kt}\right]_0^t$$

$$\therefore \quad x(t) - x(0) = \frac{v_0}{k}\left(1 - e^{-kt}\right)$$

初期条件 $x(0) = 0$ より，

$$x(t) = \frac{v_0}{k}\left(1 - e^{-kt}\right)$$

ここで $k = K/m$ であるから，不定積分で解いた場合と同じ答えになる．

例題 2.9. 雨滴の落下運動

図 2.14 のように質量 m の質点（雨滴）が，鉛直下方に働く重力 mg と，速度に比例した空気抵抗 $-av$（$\boldsymbol{v}$ と逆向きなので負符号 ($-$) が付き，a は比例定数）を受けながら大気中を落下する運動を考える．初期条件として，$t=0$ での速さが 0 であるとする．

まず，鉛直下方を x 軸の正方向として，質点の運動方程式を書く．質点には重力と空気抵抗が働いているので合力は $mg - av$ となり，運動方程式は次のようになる．

$$m\frac{\mathrm{d}^2 x}{\mathrm{d}t^2} = mg - av$$

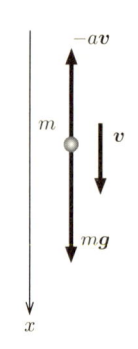

図 2.14 雨滴の落下運動

この式を変数分離の方法で解く．まず上式が 1 階微分方程式となるように加速度を $\dfrac{\mathrm{d}v}{\mathrm{d}t}$ に直し，両辺を a で割る．さらに，左辺の変数は v のみ，右辺の

変数は t のみとなるように書き換える（変数分離をする）．
$$\frac{dv}{\frac{m}{a}g - v} = \frac{a}{m}dt$$
両辺をそれぞれの変数で積分すると，
$$-\log\left(\frac{m}{a}g - v\right) = \frac{a}{m}t + C$$
$$\frac{m}{a}g - v = e^{-\frac{a}{m}t}e^{-C}$$
$$\therefore \quad v = \frac{m}{a}g - e^{-\frac{a}{m}t}e^{-C} \tag{2.79}$$
初期条件 $t = 0, v = 0$ を代入し，積分定数 C すなわち定数 e^C の値を決める．
$$0 = \frac{m}{a}g - e^{-\frac{a}{m}0}e^{-C}, \quad \therefore \quad e^{-C} = \frac{m}{a}g$$
これを (2.79) 式に代入すれば，
$$v = \frac{m}{a}g\left(1 - e^{-\frac{a}{m}t}\right) \tag{2.80}$$
を得る．$t \to \infty$ としたときの速度を **終端速度**（動き始めてから十分に時間が経ち，一定な速さとなったときの速度）という．(2.80) 式において，$t \to \infty$ とすれば，指数項は 0 となるので，この場合の終端速度は，
$$v(\infty) = \lim_{t \to \infty} v(t) = \frac{mg}{a}$$
となる．また，(2.80) 式において $a \to 0$ とすれば，空気抵抗がない場合の速度を求めることができる．$a \to 0$ では $\frac{a}{m}t$ は十分に小さいので，$e^{-\frac{a}{m}t}$ はマクローリン展開できて（付録 C.4 節参照），
$$e^{-\frac{a}{m}t} = 1 - \frac{a}{m}t + \frac{1}{2}\left(\frac{a}{m}t\right)^2 - \cdots$$
である．右辺の $\left(\frac{a}{m}t\right)^2$ 以上のべき乗項は十分に小さいので第 2 項までを使えば，(2.80) 式は，
$$v = \frac{m}{a}g\left(1 - 1 + \frac{a}{m}t\right) = gt$$
となって，自由落下運動の速度 (2.6) 式と同じになる．

注意 例題 2.9 では鉛直下方を x 軸の正の向きとしたが，鉛直上方を x 軸の正の向きとしたときの運動方程式は $m\dfrac{d^2x}{dt^2} = -mg - av$ となる．その場合，右辺第 1 項の符号は逆転するが，第 2 項の符号は変わらないことに注意しなければならない．

3 いろいろな質点の運動

3.1 等速円運動

質点が円周上を一定の速さで動く運動を等速円運動という．図 3.1 のように，質点が半径 r の円周上の点 P にあるとき，円の中心を原点とする xy 直交座標系の質点の座標と，大きさが一定な質点の位置ベクトル $\boldsymbol{r}$ の x, y 軸方向の成分が一致する．x 軸と $\boldsymbol{r}$ のなす角を θ とすれば，次式のような関係がある．

$$x = r\cos\theta, \qquad y = r\sin\theta,$$
$$r = \sqrt{x^2 + y^2} \tag{3.1}$$

ここで，θ の単位として**ラジアン**を主に使うことにする．ラジアン (rad) は，$\theta = (弧の長さ) \div (半径の長さ)$ で中心角の大きさを表す**弧度法**の単位である．したがって，図 3.1 に示すように，1 rad とは半径 r に等しい長さの円弧を切り取る 2 本の半径の間の中心角の値である．度数法と弧度法で測った角度の関係は，$360° = 2\pi$ rad, したがって，1 rad $= (180/\pi)°$ または $1° = (\pi/180)$ rad である．中心角が θ (rad) のときの円弧の長さを s とすると，$s = r\theta$ となり，弧の長さが中心角に比例する簡単な形で表される．

質点が時間とともに移動する動点であるとき，位置ベクトル $\boldsymbol{r}(t)$ は**動径ベクトル**または**動径**と呼ばれる．等速円

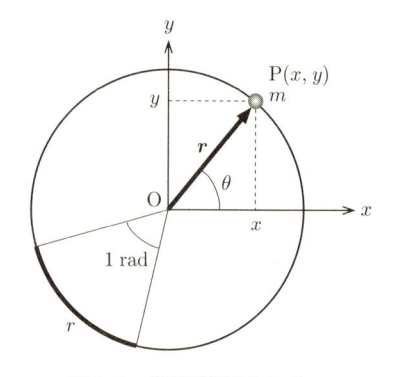

図 3.1 等速円運動とラジアン

運動の場合は，図 3.2 のように，位置ベクトル $\boldsymbol{r}$ と x 軸のなす角 θ が，時間とともに一定の割合 ω で大きくなると考えればよいので，

$$\theta(t) = \omega t + \alpha \tag{3.2}$$

と表される．ω, α は定数で，α は時刻 $t = 0$ で位置ベクトル $\boldsymbol{r}$ と x 軸のなす角である．ω ($\omega = d\theta/dt$) は位置ベクトル $\boldsymbol{r}$ が原点のまわりを回転する速度を表し，**角速度**といわれる．たとえば，1 秒間に f 回転する場合は $\omega = 2\pi f$ である．回転にも右回り左回りを区別する符号がある．原点にある右ねじを $\boldsymbol{r}$ の回転する方向に回すとき，右ねじの進む向きが角速度の向きである．図 3.2 のように反時計回り回転の場合，角速度は紙面から手前の方向（z 軸の正の方向）を向いており，正の回転であるとする．つまり，角速度は大きさと方向・向きをもつベクトル量である．図 3.2 の ω は角速度ベクトル $\boldsymbol{\omega}(0, 0, \omega)$ の z 成分のことである．

(3.2) 式を (3.1) 式に代入すれば，

$$x(t) = r\cos(\omega t + \alpha) \tag{3.3}$$

$$y(t) = r\sin(\omega t + \alpha) \tag{3.4}$$

が得られる．この 2 つの式で $\omega t + \alpha$ は時間とともに大きくなるが，$-1 \leq \sin(\omega t + \alpha) \leq 1$，$-1 \leq \cos(\omega t + \alpha) \leq 1$ であるので，質点の座標 $x(t), y(t)$ はともに $-r$ と r の間を往復していることになる．このように，座標と時間との関係が (3.3),(3.4) 式で与えられる

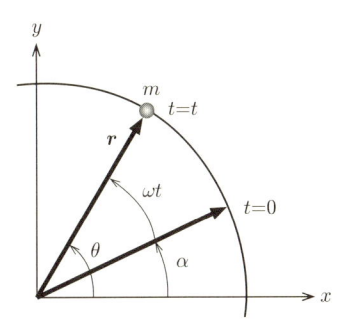

図 3.2 角度の時間変化

運動を**単振動**という．そして r は**振幅**，$\omega t + \alpha$ は**位相**，α は**初期位相**と呼ばれる．なお，ω は単振動では**角振動数**といわれる．

座標を時間で 1 回微分すれば速度が求まるので，x, y 軸方向の速度は，

$$v_x(t) = \frac{dx(t)}{dt} = -\omega r \sin(\omega t + \alpha) \tag{3.5}$$

$$v_y(t) = \frac{dy(t)}{dt} = \omega r \cos(\omega t + \alpha) \tag{3.6}$$

である．ここで微分する場合には，r が一定（定数）であることを考慮した．次に，速度の x, y 座標成分である $v_x(t), v_y(t)$ から，等速円運動をする質点の

速さ（速度の大きさ）を求めてみよう．

$$v(t) = \sqrt{v_x{}^2 + v_y{}^2} = \sqrt{\omega^2 r^2 \sin^2(\omega t + \alpha) + \omega^2 r^2 \cos^2(\omega t + \alpha)}$$

$$= \sqrt{\omega^2 r^2 \left(\sin^2(\omega t + \alpha) + \cos^2(\omega t + \alpha)\right)}$$

$$= \omega r \tag{3.7}$$

速さは方向を考えないので，+ の値をとった．等速円運動する質点の速さは，角速度 ω と半径 r に比例することを (3.7) 式は示している．

速度の大きさ（速さ）がわかったので，次に速度の方向ついて考えてみよう．結論を先にいえば，速度は円の接線方向を向いている．このことはすでに第 1.1.4.B 節の問 1.3 で，2 次元運動の速度の方向として述べた．ここでは別の方法でそのことを証明する．

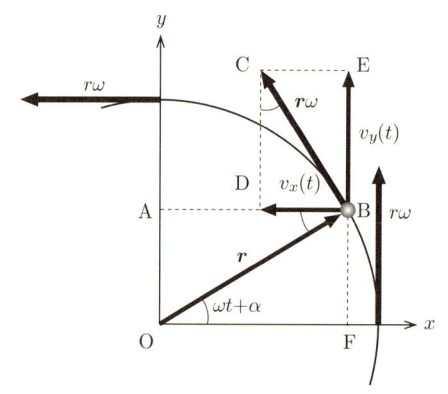

図 **3.3** 円運動の速度の成分

方法は 2 通りあるが，1 つは図を描くことである．(3.5),(3.6) 式によれば $\omega t + \alpha = 0, \dfrac{\pi}{2}, \pi, \dfrac{3\pi}{2}$ で $v_x(t), v_y(t)$ はいずれか一方のみが値をもち，大きさは ωr である．$0, \dfrac{\pi}{2}$ での結果を図 3.3 に描けば，速度は座標軸に直角で，円の接線方向を向いている．また，任意の角の場合は図中の任意の点 B を質点が運動しているとして，点 B を始点とする $v_x(t), v_y(t)$ を描く．そして三角形 BDC と三角形 OAB を比較すると，(3.3)〜(3.6) 式より，

$$\mathrm{BD} : \mathrm{DC} : \mathrm{CB} = r\omega \sin(\omega t + \alpha) : r\omega \cos(\omega t + \alpha) : r\omega$$

$$\mathrm{OA} : \mathrm{AB} : \mathrm{BO} = r \sin(\omega t + \alpha) : r \cos(\omega t + \alpha) : r$$

であるから，三角形 BDC の 3 辺は三角形 OAB の 3 辺よりも ω 倍大きく，相似形であることがわかる．したがって，∠OBA = ∠BCD より，

∠OBC = ∠DBC + ∠OBA = ∠DBC + ∠BCD = 90°．ゆえに半径 OB と速度 BC は直交している．

もう 1 つの証明法は，位置ベクトルと速度ベクトルの内積（スカラー積）が 0 となることを示すことである（付録 A.10.1 節参照）．

2 次元ベクトル $\bm{r} = (x, y)$ とベクトル $\bm{v} = (v_x, v_y)$ の内積は，

$$\bm{r} \cdot \bm{v} = xv_x + yv_y = rv\cos\theta \tag{3.8}$$

であった．θ は $\bm{r}$ と $\bm{v}$ のなす角である．(3.3)〜(3.6) 式より

$$\bm{r}(t) = \big(x(t), y(t)\big) = \big(r\cos(\omega t + \alpha), r\sin(\omega t + \alpha)\big),$$

$$\bm{v}(t) = \big(v_x(t), v_y(t)\big) = \big(-\omega r\sin(\omega t + \alpha), \omega r\cos(\omega t + \alpha)\big)$$

であるから，

$$\bm{r}(t) \cdot \bm{v}(t) = -\omega r^2 \sin(\omega t + \alpha)\cos(\omega t + \alpha) + \omega r^2 \sin(\omega t + \alpha)\cos(\omega t + \alpha)$$

$$= 0$$

したがって，$\cos\theta = 0$，すなわち $\theta = \pi/2$ となり，速度ベクトル $\bm{v}(t)$ は，位置ベクトル $\bm{r}(t)$（半径 r）に直角で，円の接線方向を向いていることが示された．

次に加速度 $\bm{a}$ を求めてみる．加速度は速度を 1 回微分すればよいので，x, y 軸方向の成分は (3.5),(3.6) 式より次のように求まる．

$$a_x(t) = \frac{\mathrm{d}^2 x(t)}{\mathrm{d}t^2} = -\omega^2 r\cos(\omega t + \alpha) = -\omega^2 x(t) \tag{3.9}$$

$$a_y(t) = \frac{\mathrm{d}^2 y(t)}{\mathrm{d}t^2} = -\omega^2 r\sin(\omega t + \alpha) = -\omega^2 y(t) \tag{3.10}$$

したがって，加速度の大きさは，

$$|\bm{a}| = a = \sqrt{a_x{}^2 + a_y{}^2} = \omega^2 r \tag{3.11}$$

となり，加速度ベクトル $\bm{a}$ は，

$$\bm{a} = \big(-\omega^2 x, -\omega^2 y\big) = -\omega^2(x, y) = -\omega^2 \bm{r} \tag{3.12}$$

となる．加速度 $\bm{a}$ の方向が円の中心を向いていることは，(3.12) 式で位置ベクトル $\bm{r}$ に − の符号が付いていることから明らかであるが，さらに，速度ベクトルと加速度ベクトルの内積が 0 になることから，加速度ベクトルは速度ベク

トルに直交しており，動径方向にあることがわかる．

$$
\begin{aligned}
\boldsymbol{v}(t) \cdot \boldsymbol{a}(t) &= v_x(t)a_x(t) + v_y(t)a_y(t) \\
&= (-\omega r \sin(\omega t + \alpha))(-\omega^2 r \cos(\omega t + \alpha)) \\
&\quad + (\omega r \cos(\omega t + \alpha))(-\omega^2 r \sin(\omega t + \alpha)) \\
&= 0
\end{aligned}
\tag{3.13}
$$

このように中心方向を向いている加速度を**向心加速度**といい，その大きさは $\omega^2 r$ である．また，$v = \omega r$ の関係を使えば，向心加速度の大きさを $\dfrac{v^2}{r}$ と表すこともできる．

加速度運動する質点には，その加速度の質量倍の力が働いているので，等速円運動する質量 m の質点に作用している力は $m\boldsymbol{a} = -m\omega^2 \boldsymbol{r}$ と表され，**向心力**または**求心力**といわれる．向心力の大きさは $m\omega^2 r$，あるいは $\dfrac{mv^2}{r}$ と表すことができる．

以上の結果から逆に次のことがいえる．(3.9),(3.10) 式のように，**加速度が座標に比例する負の値**として表されるとき，質点は**単振動**をし，座標は (3.3),(3.4) 式のように**正弦（余弦）関数**で表される．

すなわち，運動方程式が $\dfrac{\mathrm{d}^2 x(t)}{\mathrm{d}t^2} = -\omega^2 x(t)$ の形に表されるとき，質点は単振動をしており，座標は $x(t) = r\cos(\omega t + \alpha)$ と表される．

> **問 3.1.** 図 3.4 に示すように，質量 m の質点が，半径 r の円周上を一定の速さ v で運動している．いま，時刻 $t = 0$ において，質点が x 軸上を出発したとして，次の問いに答えよ．
> (a) 任意の時刻 t における質点の座標 $x(t)$ と $y(t)$ を，半径 r と角速度 ω を用いて表せ．
> (b) 速度の成分 $v_x(t)$ と $v_y(t)$ を，r と ω を用いて表せ．
> (c) 加速度の成分 $a_x(t)$ と $a_y(t)$ を，r と ω を用いて表せ．
> (d) 動径 $\boldsymbol{r}$ と速度 $\boldsymbol{v}$，速度 $\boldsymbol{v}$ と加速度 $\boldsymbol{a}$ は，互いに直交することを示せ．
> (e) 速さ v と加速度の大きさ a を，r と ω を用いて数式で表せ．

解 (a) $x(t) = r\cos\omega t$, $y(t) = r\sin\omega t$

(b) $v_x(t) = -\omega r\sin\omega t$, $v_y(t) = \omega r\cos\omega t$

(c) $a_x(t) = -\omega^2 r\cos\omega t$, $a_y(t) = -\omega^2 r\sin\omega t$

(d) ベクトル $\bm{r}$ と $\bm{v}$, $\bm{v}$ と $\bm{a}$ のスカラー積が 0 であることを示せばよい.

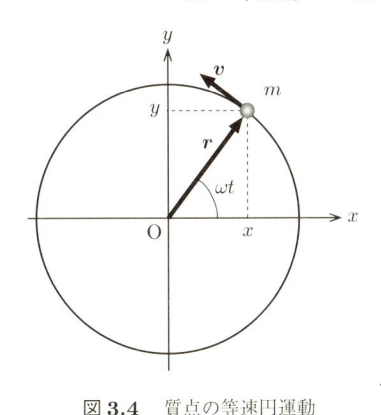

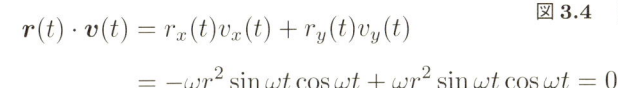

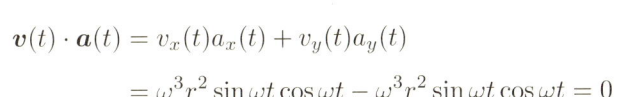

$$\bm{r}(t)\cdot\bm{v}(t) = r_x(t)v_x(t) + r_y(t)v_y(t)$$
$$= -\omega r^2\sin\omega t\cos\omega t + \omega r^2\sin\omega t\cos\omega t = 0$$

$$\bm{v}(t)\cdot\bm{a}(t) = v_x(t)a_x(t) + v_y(t)a_y(t)$$
$$= \omega^3 r^2\sin\omega t\cos\omega t - \omega^3 r^2\sin\omega t\cos\omega t = 0$$

図 3.4 質点の等速円運動

(e) 速さ v と加速度の大きさ a は,
$$v = |\bm{v}(t)| = \sqrt{v_x{}^2 + v_y{}^2} = \sqrt{\omega^2 r^2(\sin^2\omega t + \cos^2\omega t)} = \omega r$$
$$a = |\bm{a}(t)| = \sqrt{a_x{}^2 + a_y{}^2} = \sqrt{\omega^4 r^2(\sin^2\omega t + \cos^2\omega t)} = \omega^2 r$$

3.2 単振動

等速円運動する質点の運動を, 円の中心を原点とする x 軸や y 軸に射影した場合, その影の運動は単振動運動になっており, 質点に働く x 軸や y 軸方向の加速度は, (3.9),(3.10) 式のように座標に比例するものであった. この知識に基づいて, 自然現象としても重要な単振動について考えてみる.

質量 m の質点が, 水平な x 軸上を運動しており, 質点に作用する力が, 比例定数を c として $-cx$ と表される場合を考える (前節までは, 質点の座標 x は時間の関数であることから $x(t)$ と書いてきたが, 以後は単に x と書くことにする). この場合の運動方程式は次式のように表される.

$$m\frac{\mathrm{d}^2 x}{\mathrm{d}t^2} = -cx \tag{3.14}$$

両辺を m で割り, さらに $c/m = \omega^2$ とおけば,

$$\frac{\mathrm{d}^2 x}{\mathrm{d}t^2} = -\omega^2 x \tag{3.15}$$

となる．前節で述べたように，この式は単振動を表しており，座標 x は，
$$x = r\cos(\omega t + \alpha) \tag{3.16}$$
の形をしているといえる．ここで r と α は，運動条件から決まる定数である．この式を2回微分すれば (3.15) 式が得られることから，(3.16) 式は運動方程式の解であることがわかる．また，
$$x = r\sin(\omega t + \alpha) \tag{3.17}$$
も (3.15) 式をみたすことから (3.15) 式の解であり，(3.16) 式と (3.17) 式の和も (3.15) 式の解である．よって，結論として次のようにまとめることができる．

運動方程式が (3.15) 式の形になるとき，解は (3.16), (3.17) 式の形になっている．このように，座標が**正弦**または**余弦関数**で表される運動を**単振動**または**単一調和振動**と呼び，r を**振幅**，$\omega t + \alpha$ を**位相**，α を**初期位相**，ω を**角振動数**と呼ぶ．

角振動数は1秒間に増加する角度であるが，正弦，余弦関数は位相が 2π 増すごとに1と -1 の間を1振動（1往復）するので，角振動数が ω の運動では，1秒間に $\omega/2\pi$ 回振動することになる．1秒間に振動する回数を f とすれば，
$$f = \frac{\omega}{2\pi}, \quad \therefore \omega = 2\pi f \tag{3.18}$$
それにともなって，x は1秒間に $-r$ と r の間を f 回振動することになる．f は**振動数**と呼ばれ，振動数の単位は $1/\text{s}$ で，これをヘルツ (Hz) という．

1振動に必要な時間を**周期**と呼び，T（単位：s）と書く．1秒間に f 回振動する場合は，1振動あたり $1/f$ 秒であるから，
$$T = \frac{1}{f} = \frac{2\pi}{\omega} \tag{3.19}$$
である．

問 3.2. (3.17) 式が (3.15) 式の解になっていることを示せ．

解 解であることを証明するためには，(3.17) 式を (3.15) 式の左辺に代入して，右辺に等しくなることを示せばよい．すなわち，(3.17) 式の x を2回微分

すれば，$-\omega^2 x$ となることを示せばよい．(3.17) 式より
$$x = r\sin(\omega t + \alpha), \quad \therefore \frac{\mathrm{d}x}{\mathrm{d}t} = \omega r\cos(\omega t + \alpha),$$
$$\therefore \frac{\mathrm{d}^2 x}{\mathrm{d}t^2} = -\omega^2 r\sin(\omega t + \alpha) = -\omega^2 x$$

したがって，(3.17) 式の x は (3.15) 式の解になっている．次にいろいろな単振動について考えてみよう．

3.3　ばねの復元力による単振動

　図 3.5 のように，質量 m の質点がばね定数 k のばねで壁につながれ，なめらかな水平面上にあるとする．また水平面上のばねの伸びる方向を x 軸の正方向とし，ばねが自然長（伸び縮みしていないときの長さ）のときの質点の位置を $x = 0$ とする．ここで，質点を $x = A$ まで変位させた後，時刻 $t = 0$ で静かに放すとして，質点の運動を考える．

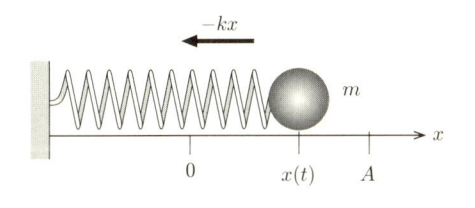

図 3.5　ばねによる水平方向の単振動

　ばねが質点に及ぼす力は，変形量 x に比例し変形の向きと逆向きで $-kx$ と表される．この力を**復元力**という．k はばね定数で，ばねがもつ復元力の大きさを表す定数である．したがって，質点の運動方程式は次のように表される．

$$m\frac{\mathrm{d}^2 x}{\mathrm{d}t^2} = -kx \tag{3.20}$$

両辺を m で割れば，

$$\frac{\mathrm{d}^2 x}{\mathrm{d}t^2} = -\frac{k}{m}x \tag{3.21}$$

となり，さらに，

$$\omega^2 = \frac{k}{m}, \quad \therefore \omega = \sqrt{\frac{k}{m}} \tag{3.22}$$

とおけば，

$$\frac{\mathrm{d}^2 x}{\mathrm{d}t^2} = -\omega^2 x \tag{3.23}$$

となる．この式は，単振動をする質点の運動方程式 (3.15) と同じである．した

がって解は
$$x = r\cos(\omega t + \alpha) \tag{3.24}$$
の形をしており，振幅 r および初期位相 α は運動の条件から決められる．

運動の初期条件として，$t=0$ のときの座標 $x=A$ が与えられている．さらに，「$t=0$ で静かに放した」ことから，$t=0$ のときの速度は $v=0$ であることに気づかなければならない．この条件を用いて r,α を決定する．

まず，$v=0$ の条件を使うために，(3.24) 式を微分して速度 v を表す式を求める．
$$v = \frac{\mathrm{d}x}{\mathrm{d}t} = -\omega r \sin(\omega t + \alpha) \tag{3.25}$$
この式に，$t=0$ のときに $v=0$ であるとの条件を代入すれば，
$$0 = -\omega r \sin(\omega \cdot 0 + \alpha), \quad 0 = \sin\alpha, \quad \therefore \alpha = 0 \tag{3.26}$$
次に，$t=0$ のときに $x=A$ および $\alpha=0$ の条件を (3.24) 式に代入すれば，
$$A = r\cos(\omega \cdot 0 + 0), \quad A = r\cos 0, \quad \therefore r = A \tag{3.27}$$
したがって，初期条件から求まった $\alpha=0, r=A$ および (3.22) 式を (3.24) 式に代入すれば，運動方程式の解となる座標 x は次のように表される．
$$x = A\cos\sqrt{\frac{k}{m}}\,t \tag{3.28}$$
最後に，この単振動の基本的特性を求めておこう．

振幅 $= A$，　振動数 $f = \dfrac{\omega}{2\pi} = \dfrac{1}{2\pi}\sqrt{\dfrac{k}{m}}$，　周期 $T = \dfrac{1}{f} = 2\pi\sqrt{\dfrac{m}{k}}$

次に，少々難解であるが一般的な解法を示す．運動方程式を
$$\frac{\mathrm{d}^2 x}{\mathrm{d}t^2} = -\omega^2 x \tag{3.29}$$
と変形するところまでは前と同じである．次に，両辺に $\mathrm{d}x/\mathrm{d}t$ を掛けると，$\dfrac{\mathrm{d}^2 x}{\mathrm{d}t^2}\dfrac{\mathrm{d}x}{\mathrm{d}t} = -\omega^2 x \dfrac{\mathrm{d}x}{\mathrm{d}t}$ となるが，この式は次式と同等である．
$$\frac{1}{2}\frac{\mathrm{d}}{\mathrm{d}t}\left(\frac{\mathrm{d}x}{\mathrm{d}t}\right)^2 = -\frac{1}{2}\omega^2 \frac{\mathrm{d}}{\mathrm{d}t}(x^2) \tag{3.30}$$
両辺を t で積分すれば
$$\left(\frac{\mathrm{d}x}{\mathrm{d}t}\right)^2 = -\omega^2 x^2 + C \tag{3.31}$$
が得られる．初期条件は，$t=0$ で $x=A, v=\mathrm{d}x/\mathrm{d}t=0$ であるから，
$$0 = -\omega^2 A^2 + C, \quad \therefore C = \omega^2 A^2 \tag{3.32}$$

となり，(3.31) 式に代入すれば $\dfrac{dx}{dt} = \pm\omega\sqrt{A^2 - x^2}$ となる．いま，+ 符号をとり，x に関する部分を左辺に，t に関する部分を右辺に分けて書けば，

$$\frac{dx}{\sqrt{A^2 - x^2}} = \omega\, dt \tag{3.33}$$

となる．このように，変数ごとに分けて書くことを**変数分離**という．

ここで，

$$x = A\sin\theta \tag{3.34}$$

とおけば，

$$\frac{dx}{d\theta} = A\cos\theta, \qquad \therefore dx = A\cos\theta \cdot d\theta$$

となるから，これを (3.33) 式の左辺に代入すれば，左辺は $d\theta$ となる．

$$\frac{A\cos\theta \cdot d\theta}{\sqrt{A^2 - A^2\sin^2\theta}} = \frac{A\cos\theta \cdot d\theta}{\sqrt{A^2\cos^2\theta}} = d\theta, \quad \therefore d\theta = \omega\, dt \tag{3.35}$$

これを積分すれば $\theta = \omega t + C'$ となるので，(3.34) 式より，

$$x = A\sin(\omega t + C') \tag{3.36}$$

を得る．この式に，$t = 0$ で $x = A$ の初期条件を当てはめれば，

$$A = A\sin(\omega \cdot 0 + C'), \qquad \therefore C' = \frac{\pi}{2} \tag{3.37}$$

となる．したがって，初期条件をみたす質点の座標は，

$$x = A\sin\left(\omega t + \frac{\pi}{2}\right) = A\cos\omega t \tag{3.38}$$

と表される．ただし $\omega^2 = k/m$ である．

問 3.3. ばねで吊り下げられた質点の単振動について考える．つるまきばねの上端を天井に固定し，下端に質量 m の質点をつるしたとき，ばねは自然長より b だけ伸びて静止した．y 軸をばねに平行な鉛直方向にとり，下向きを正とする．いま，静止位置を $y = 0$ として，質点を $y = A$ まで引っ張った後に，時刻 $t = 0$ で静かに放すとき，次の問いに答えよ．

(a) このばねのばね定数 k はいくらか．
(b) 質点の運動方程式を書け．
(c) 質点の位置座標 $y(t)$ を求めよ．

解 (a) まず，質点が $y = 0$ に静止している図 3.6 の左の状態について考える．質点には常に mg の重力が作用しているが，静止しているということは，重力とばねの復元力がつり合っていることを示している．ばねの復元力は $-kb$ である．つ

り合いの条件は合力が0であるから，
$$mg - kb = 0 \quad (3.39)$$
$$\therefore \quad k = \frac{mg}{b} \quad (3.40)$$

(b) 次に，質点を $y = 0$ よりさらに下方に y だけ引っ張った状態について考える．ばねは自然長から $b + y$ だけ伸びているので，ばねの復元力は $-k(b+y)$ である．質点にはこの他に重力も作用しているので，合力は $mg - kb - ky$ であるが，(3.39) 式の関係から $-ky$ となる．質点に作用する力がわかったので，運動方程式を書いてみると，

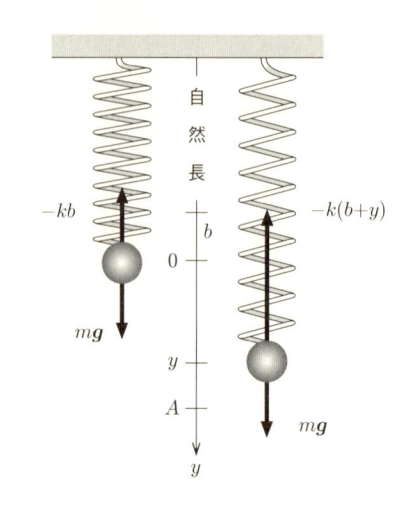

図 3.6　ばねによる鉛直方向の単振動

$$m\frac{d^2y}{dt^2} = -ky \quad (3.41)$$

となる．この式は，なめらかな水平面上で，ばねの復元力を受けながら単振動する質点の運動方程式 (3.20) 式と，座標が異なるだけでまったく同じ形をしている．$\omega^2 = k/m$ として書き直せば次式のようになる．

$$\frac{d^2y}{dt^2} = -\omega^2 y \quad (3.42)$$

(c) 単振動する質点の座標を，(3.24) 式では $y = r\cos(\omega t + \alpha)$ と表したが，ここでは正弦関数として表してみよう．

$$y = B\sin(\omega t + \alpha) \quad (3.43)$$

B と α の値を初期条件から求める．まず，座標を微分すれば速度は，

$$v = \frac{dy}{dt} = \omega B \cos(\omega t + \alpha) \quad (3.44)$$

となるが，題意より，$t = 0$ のとき $v = 0$ であるから，

$$0 = \omega B \cos(\omega \cdot 0 + \alpha), \quad 0 = \cos\alpha, \quad \therefore \alpha = \frac{\pi}{2}$$

を得る．この α の値と初期条件 $t = 0$ で $y = A$ を (3.43) 式に代入すると

$$A = B\sin\left(\omega \cdot 0 + \frac{\pi}{2}\right), \quad \therefore B = A$$

となる．B と α が決まったので，これらを (3.43) 式に代入すれば運動方程式

の解が得られる．

$$y = A\sin\left(\omega t + \frac{\pi}{2}\right) = A\cos\omega t = A\cos\sqrt{\frac{k}{m}}t$$

$$\therefore \quad y = A\cos\sqrt{\frac{k}{m}}t \tag{3.45}$$

3.4 単振り子

図 3.7 のように，十分に長い糸の上端を固定し，下端におもり（質量が m の質点）を付けた振り子が，鉛直面内を振動する運動について考える．糸の振れる角度 ϕ が小さいとき，振動は単振動となり，この振り子を**単振り子**という．

図 3.7 は，振り子時計の振り子をモデル化したものと考えればよい．ここでは，おもりの円弧上の往復運動について，円弧上の距離 $s(t)$ または鉛直線と糸のなす角 ϕ を変数として運動方程式を書いてみる．また，扱いなれた x, y 座標による運動方程式も書いてみる．

初期条件として，糸の長さが L で質点の質量が m の単振り子を，鉛直方向から小さな角 ϕ_0（ラジアン）だけ傾けた後に，静かに放すものとする．

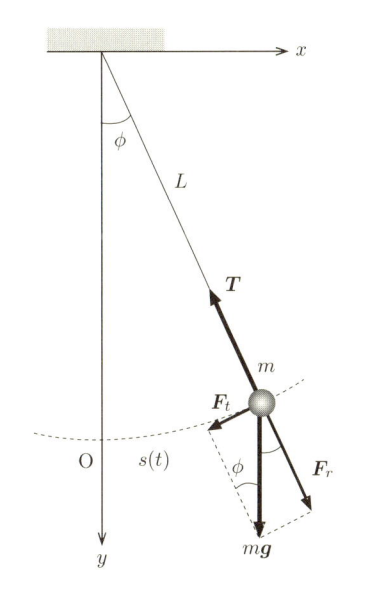

図 **3.7** 単振り子

糸の長さが一定であるから，質点は半径 L の円弧に沿って運動し，円弧に沿って測った位置の座標 $s(t)$ は，3.1 節で見たように，振り子の最下点 O を原点として，角度 ϕ（ラジアン）によって表すことができる．

$$s(t) = L\phi(t) \tag{3.46}$$

ここで，質点が原点 O より右にあるとき，$s > 0$ および $\phi > 0$ とする．そして，円周の接線方向（糸に直角方向）の質点の速度 v および加速度 a は，$s(t)$ を時間で微分することによって得られ，L が一定であることを考慮すると，そ

れぞれ次のように表される.

$$v = \frac{ds}{dt} = L\frac{d\phi}{dt} \tag{3.47}$$

$$a = \frac{d^2s}{dt^2} = L\frac{d^2\phi}{dt^2} \tag{3.48}$$

質点に作用する力は，重力 mg と糸の張力 T であるが，重力 mg を円周の接線方向（糸に直角な方向）の成分 F_t と，糸の長さ方向の成分 F_r とに分けると，F_t だけが質点を円周上で運動させる力の成分であることがわかる．図からわかるように，

$$F_t = -mg\sin\phi \tag{3.49}$$

であるが，ϕ が十分に小さいときは $\sin\phi \cong \phi$ なので

$$F_t \cong -mg\phi \tag{3.50}$$

したがって，(3.48),(3.50) 式から ϕ を変数として運動方程式を書けば

$$mL\frac{d^2\phi}{dt^2} = -mg\phi$$

$$\therefore \frac{d^2\phi}{dt^2} = -\frac{g}{L}\phi \tag{3.51}$$

となる．ここで $\omega^2 = g/L$ とおけば，

$$\frac{d^2\phi}{dt^2} = -\omega^2\phi \tag{3.52}$$

となって，これは質点が単振動をすることを表す運動方程式であり，(3.15) 式の x を ϕ で置き換えたものと同形である．したがって，ϕ の一般解は

$$\phi(t) = \Phi\cos(\omega t + \alpha) \tag{3.53}$$

と表される．定数 Φ と α は，運動の条件から決まる．$t = 0$ で静かに放したという初期条件より，$t = 0$ で $\phi(0) = \phi_0$ および $d\phi/dt = 0$ である．これより

$$\phi(0) = \phi_0 \quad より \quad \phi_0 = \Phi\cos\alpha \tag{3.54}$$

$$d\phi/dt = 0 \quad より \quad 0 = -\omega\Phi\sin\alpha \tag{3.55}$$

の2式を得る．

(3.55) 式より $\sin\alpha = 0$ であるから $\alpha = 0$．これを (3.54) 式に代入すれば $\Phi = \phi_0$ となる．したがって，(3.53) 式は

$$\phi(t) = \phi_0\cos\sqrt{\frac{g}{L}}t \tag{3.56}$$

となる．

おもりの運動が，上述の単振動であるような振り子のことを，**単振り子**と呼ぶ．単振り子の振動の周期は

$$T = \frac{2\pi}{\omega} = 2\pi\sqrt{\frac{L}{g}} \tag{3.57}$$

となって，糸の長さの平方根に比例する．このように単振り子の周期は，おもりの質量および振幅に依存しない．これは「**単振り子の等時性**」といわれ，単振り子の重要な性質である．掛け時計（振り子時計）は，この振り子の等時性を応用したものである．

次に，(3.52) 式に $\phi = s/L$ の関係を適用して，変数を s に変えてみよう．

$$\frac{d^2 s}{dt^2} = -\omega^2 s \tag{3.58}$$

となり，これも単振動を表す式であるから，s の一般解も，

$$s(t) = s_0 \cos(\omega t + \alpha) \tag{3.59}$$

の形をしていることがわかる．

定数 s_0, α を決めるための初期条件は，$t = 0$ で ϕ_0 より静かに放したことであるから，$t = 0$ で速度 $ds/dt = 0$ および $s(0) = L\phi_0$ である．したがって，(3.59) 式を微分して $ds/dt = 0$ とすれば，$0 = -\omega s_0 \sin\alpha$ より $\alpha = 0$ が得られ，(3.59) 式で $t = 0$，$\alpha = 0$ および $s(0) = L\phi_0$ とすれば，$L\phi_0 = s_0$ が得られる．(3.59) 式に代入すれば次式が得られる．

$$s(t) = L\phi_0 \cos\sqrt{\frac{g}{L}}\, t \tag{3.60}$$

例題 3.1. 図 3.7 の単振り子の運動を，図 3.8 のように水平右向きに x 軸，鉛直下向きに y 軸をとり，x, y 座標軸に投影した運動として考えよう．

....

2.2 節の放物運動と同様に，円弧上の 2 次元運動を，x 方向，y 方向の成分に分けて考える．そのためには，質点を振動させる力（復元力）F_t を x, y 方向の成分に分け，運動方程式を x, y 方向で別々に書いて解かなければならない．図 3.8 は，重力の円周方向の成分 F_t を，x, y 座標

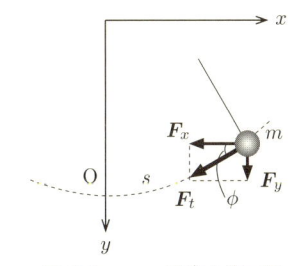

図 3.8 x, y 方向の復元力

成分 F_x および F_y に分解した図である．(3.49) 式より，
$$F_x = F_t \cos\phi = -mg \sin\phi \cos\phi,$$
$$F_y = F_t \sin\phi = -mg \sin^2\phi$$
であるが，ϕ が十分に小さいときは $\cos\phi \cong 1$, $\sin\phi = x/L$ であるから，
$$F_x = -mgx/L, \qquad F_y = -mg(x/L)^2$$
となる．$(x/L)^2$ は小さいので F_y は小さく，y 方向の運動は無視できる．したがって，x 方向の運動のみを考えることにする．

x 方向の運動方程式は $m\dfrac{d^2x}{dt^2} = -\dfrac{mgx}{L}$ であり，$\omega^2 = \dfrac{g}{L}$ とすれば，
$$\frac{d^2x}{dt^2} = -\omega^2 x \tag{3.61}$$
が得られる．この式は，質点が単振動することを表しているので，x 座標は，
$$x = x_0 \cos(\omega t + \alpha) \tag{3.62}$$
と表すことができる．定数 x_0, α は，初期条件から決まる．

3.5 減衰振動

（強制振動と共振については付録 C.7 節と付録 C.8 節を参照）

単振動をしている物体に，速度に比例する抵抗力が作用する場合は，振動の振幅は時間とともに小さくなるが，このような運動を**減衰振動**という．たとえば，3.2〜3.4 節に述べた単振動が，空気の粘性抵抗を受けながら減衰していく現象などがよい例である．

いま，ばね定数 k のばねに固定された質点が，変位に比例するばねの復元力 $-kx$ と速度に比例する $-\gamma v_x = -\gamma\dfrac{dx}{dt}$ の空気抵抗（γ は比例定数）を受けながら，水平な x 軸上を振動する場合を考える．この場合の運動方程式は，
$$m\frac{d^2x}{dt^2} = -kx - \gamma\frac{dx}{dt} \tag{3.63}$$

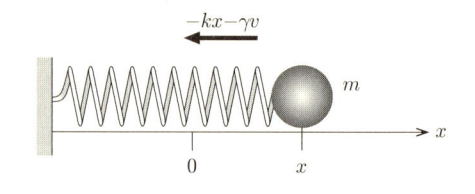

図 **3.9** 大気中での，ばねによる水平方向の振動

であるが，書き直せば，
$$\frac{d^2x}{dt^2} + \frac{\gamma}{m}\frac{dx}{dt} + \frac{k}{m}x = 0 \tag{3.64}$$
となって，減衰振動は2階微分方程式になっている．ここで，
$$p = \frac{\gamma}{m} \quad \text{および} \quad \omega^2 = \frac{k}{m} \tag{3.65}$$
と書き換えて，
$$\frac{d^2x}{dt^2} + p\frac{dx}{dt} + \omega^2 x = 0 \tag{3.66}$$
を解いてみる．この場合は解が $x = e^{\rho t}$ の形であると仮定して，(3.66)式に代入する．$\frac{dx}{dt} = \rho e^{\rho t}, \frac{d^2x}{dt^2} = \rho^2 e^{\rho t}$ であり，$e^{\rho t} \neq 0$ であるから，
$$\rho^2 + p\rho + \omega^2 = 0 \tag{3.67}$$
となる．**特性方程式**といわれるこの2次方程式から ρ を求めれば，x が求まる．2次方程式の解の公式から，
$$\rho = \frac{-p \pm \sqrt{p^2 - 4\omega^2}}{2}$$
であるが，(3.65)式より，
$$\rho = \frac{-\gamma \pm \sqrt{\gamma^2 - 4mk}}{2m} \tag{3.68}$$
となる．したがって，判別式の条件によって，次の3通りの解が得られる．

(1) $\gamma^2 - 4mk = 0$ のとき，ρ は $-\frac{\gamma}{2m}$ の重解である．この場合の一般解は
$$x = (A + Bt)e^{-\frac{\gamma}{2m}t} \tag{3.69}$$
である．この式が解であることは，(3.64)式に代入してみればわかる．

(2) $\gamma^2 - 4mk > 0$ のとき，ρ の2つの解は実数で，一般解は次式となる．
$$x = Ae^{\frac{-\gamma + \sqrt{\gamma^2 - 4mk}}{2m}t} + Be^{\frac{-\gamma - \sqrt{\gamma^2 - 4mk}}{2m}t} \tag{3.70}$$
ここで，A, B は定数である．

(3) $\gamma^2 - 4mk < 0$ のときは少し複雑である．$\omega' = \frac{\sqrt{4mk - \gamma^2}}{2m}$ とおけば，2つの解は複素数で $\rho_1 = -\frac{\gamma}{2m} + i\omega', \rho_2 = -\frac{\gamma}{2m} - i\omega'$ となる．一般解は，
$$x = Ae^{-\frac{\gamma}{2m}t + i\omega' t} + Be^{-\frac{\gamma}{2m}t - i\omega' t} = e^{-\frac{\gamma}{2m}t}\left(Ae^{i\omega' t} + Be^{-i\omega' t}\right)$$
と表される．A, B は定数である．

この式を，Euler の公式 $e^{\pm i\theta} = \cos\theta \pm i\sin\theta$ を用いて書き換えれば，
$$x = e^{-\frac{\gamma}{2m}t}\bigl[A(\cos\omega't + i\sin\omega't) + B(\cos\omega't - i\sin\omega't)\bigr]$$
$$= e^{-\frac{\gamma}{2m}t}\bigl[(A+B)\cos\omega't + i(A-B)\sin\omega't\bigr]$$

となる．x は，減衰振動する質点の座標であるから，実数でなければならない．したがって，A と B は，実数 a, b によって $A = a - ib, B = a + ib$ のように表される共役複素数である．上式に代入すれば，
$$x = e^{-\frac{\gamma}{2m}t}\bigl[2a\cos\omega't + 2b\sin\omega't\bigr]$$
$$= 2\sqrt{a^2+b^2}\cdot e^{-\frac{\gamma}{2m}t}\left[\frac{a}{\sqrt{a^2+b^2}}\cos\omega't + \frac{b}{\sqrt{a^2+b^2}}\sin\omega't\right]$$

ここで，
$$C = 2\sqrt{a^2+b^2}, \quad \sin\delta = \frac{2a}{C}, \quad \cos\delta = \frac{2b}{C}, \quad \text{すなわち} \quad \tan\delta = \frac{a}{b}$$
とおけば，
$$x = Ce^{-\frac{\gamma}{2m}t}\sin(\omega't + \delta) \tag{3.71}$$

となる．以上に求めた 3 つの場合の解 (3.69)〜(3.71) 式は，いずれも質点の変位が $e^{-\frac{\gamma}{2m}t}$ に比例して時間とともに減少することを示している．

4

仕事とエネルギー

4.1 仕事

図 4.1 (a) のように，物体を力 F で引いて**力の方向・向きに変位 r**（出発地を始点とし，移動先を終点とするベクトル）だけ移動させるとき，われわれはなにがしかの仕事をするという．この仕事量を W とすれば，図 (b) のように，同じ力 F で $2r$ を移動させるときは $2W$ の仕事をするという．また，図 (c) のように，$2F$ の力で r を移動させるときも，$2W$ の仕事をするという．このように仕事 W は力 F の大きさ F とその方向へ変位した距離 r の積 Fr で表される．

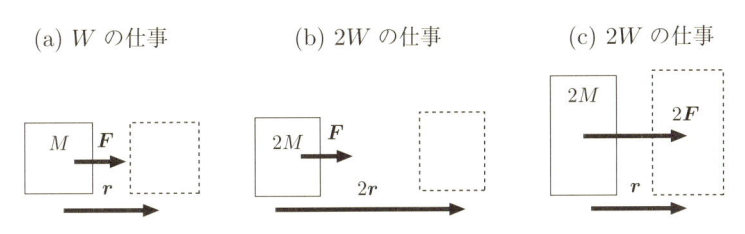

(a) W の仕事　　(b) $2W$ の仕事　　(c) $2W$ の仕事

図 4.1 力 F と変位 r が平行な場合の仕事

次に力 F と変位 r が平行でない場合を考える．図 4.2 のように，ベクトル F を r に平行な方向と垂直な方向に分けてみると，r に垂直な力 $F\sin\theta$ は r 方向に質点を移動させることはできないので，仕事をしない．仕事をするのは平行方向の力 $F\cos\theta$ だけであり，**仕事 W** は次式で表される．

$$W = rF\cos\theta \tag{4.1}$$

この式は，付録 A.10.1 節で説明するベクトルのスカラー積（内積）$\boldsymbol{A} \cdot \boldsymbol{B} =$

$AB\cos\theta$ の形になっているので，仕事 W はベクトル $\boldsymbol{F}$ と $\boldsymbol{r}$ のスカラー積で次式のように表される．

$$W = \boldsymbol{F} \cdot \boldsymbol{r} = Fr\cos\theta \qquad (4.2)$$

ここで θ は，ベクトル $\boldsymbol{F}$ と $\boldsymbol{r}$ のなす角である．したがって，物体が力に対して垂直方向に動く場合の力の

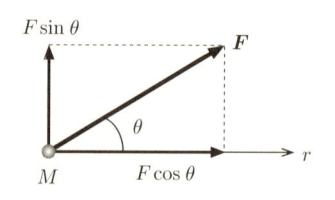

図 4.2 力と移動方向が平行でない場合の仕事

する仕事は 0 であり，逆向きに動く場合の仕事は負である．たとえば，水平面を運動する質点に重力がする仕事は 0 であり，鉛直上方に運動する質点に重力がする仕事は負である．仕事はスカラー量であるから，仕事の正負の符号は方向を表すものではなく，力が質点に仕事をしたか（正），または質点から仕事をされたか（負）を表すものである．

(4.2) 式はベクトル $\boldsymbol{F}$ と $\boldsymbol{r}$ の成分を用いて次のように表される．

$$W = F_x r_x + F_y r_y + F_z r_z \qquad (4.3)$$

上の例において，力は位置によらず一定であるとしたが，一般的に力は位置とともに変化する．以下に，一般的な場合の仕事について考える．x 軸に平行で位置 x によって大きさの変わる力 $F(x)$ の作用を受けながら，x 軸上を位置 x_A から x_B まで移動する質点を考える．いま，x_A から x_B までの距離を N 等分して，$\Delta x_i = x_i - x_{i-1}$ からなる N 個の微小区間に分割する．N が大きくなり Δx_i が小さくなると，その微小区間 Δx_i 内で $F(x)$ は一定値 F_i（微小区間内の平均値）で近似できる．すると，この微小区間内を通る間になされる仕事 ΔW_i は $\Delta W_i = F_i \Delta x_i$ と近似できる．したがって，質点が x_A から x_B まで移動する間に力 $F(x)$ がする仕事は，各微小区間での仕事 ΔW_i の和として

$$W = \sum_{i=1}^{N} \Delta W_i = \sum_{i=1}^{N} F_i \Delta x_i \qquad (4.4)$$

で近似できる．さらに，微小区間の数を無限に大きく（Δx_i の長さを無限に小さく）した極限での仕事 W の値は，

$$W = \lim_{N \to \infty} \sum_{i=1}^{N} F_i \Delta x_i = \int_{x_A}^{x_B} F(x)\,\mathrm{d}x \qquad (4.5)$$

として，x についての定積分（付録 C.3 節参照）で与えられる．

3次元空間での仕事は x を r にし，$F(x)$ を $F(r)$ にして，
$$W = \int_{r_A}^{r_B} F(r)\,dr \tag{4.6}$$
で与えられる．ただし，W はスカラー量である．

仕事の単位 J（ジュール）：物体を 1 N（ニュートン）の力で 1 m 移動させるときの仕事を 1 J という．$1\,\mathrm{J} = 1\,\mathrm{N\,m} = 1\,\mathrm{kg\,m^2/s^2}$ である．

仕事はエネルギーの単位をもっているが，仕事そのものはエネルギーではなく，エネルギーの流れの1つの形態を表すものである．そして仕事が物体に加えられるとき，その分だけ物体のエネルギーは増加する．

例題 4.1. 水平面と θ の角度をなすなめらかな坂道で，M [kg] の荷物を斜面に沿って上方に 1 m 運ぶ場合は，どれだけの仕事をすることになるか．坂道と荷物の間の摩擦はないものとする．

図 4.3 のように，荷物に働く重力の斜面に平行な成分は $Mg\sin\theta$ で，荷物が斜面を滑り降りるように働く．したがって，荷物を運ぶときは，$Mg\sin\theta$ よりも無限小だけ大きな力で押さなければならないのであるが，無限小の力は小さいので無視できるとして，$F = Mg\sin\theta$ の力で押すものと考える．このように考えると，荷物を押し上げる力 F のする仕事 W は，

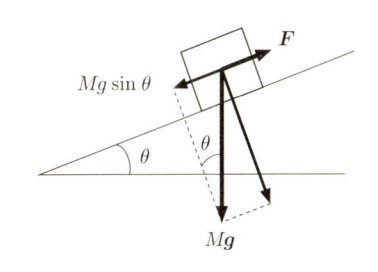

図 4.3 斜面に沿って荷物を押し上げる場合の仕事

力 F と移動距離の積であるから，次のようになる．
$$W = Mg\sin\theta\,[\mathrm{kg\,m/s^2}]\cdot 1\,[\mathrm{m}] = 9.8M\sin\theta\,[\mathrm{kg\,m^2/s^2}=\mathrm{J}]$$

また，重力の斜面に平行な成分の向きと移動方向が逆であることから，重力のする仕事は負となり，W（重力）$= -9.8M\sin\theta\,[\mathrm{kg\,m^2/s^2}=\mathrm{J}]$ である．

4.2 位置エネルギー（ポテンシャルエネルギー）

図 4.4 (a) に示すように，鉛直方向に y 軸をとって，質量 M の質点を $y=0$ から $y=h$ まで持ち上げる場合の仕事について考えよう．このとき，重力 $-Mg$ に逆らって質点を持ち上げるのであるから，質点に働く力は $+Mg$ よりも無限小だけ大きくなければならない．無限小だけ大きいとしたのは，第 4.3 節に述べる運動エネルギーを質点に与えないためである．無限小量は Mg に比べて無視できるので，力を $+Mg$ と書くことにする．したがって，質点は無限にゆっくりと持ち上げられ，質点がされる仕事量は，$+Mg$ の力と移動した高さ h との内積（スカラー積）となる．ベクトル Mg とベクトル h は平行であるから

$$W = Mgh \tag{4.7}$$

次に図 4.4 (b) のように，r_1, r_2, r_3 の坂道を通って，$y=0$ から $y=h$ の高さまで質量 M の質点を運ぶ場合について考えよう．質点を運ぶ力は前と同様に $+Mg$ の斜面に平行な成分である．r_1, r_2, r_3 の坂道で質点がされる仕事を W_1, W_2, W_3 とすれば，r_1, r_2, r_3 と Mg とのなす角はそれぞれ α, β, γ であるから，

$$W_1 = Mgr_1\cos\alpha, \quad W_2 = Mgr_2\cos\beta, \quad W_3 = Mgr_3\cos\gamma$$

である．結局，質点がされる全仕事量 W は，$W = W_1 + W_2 + W_3$ であるから，

$$W = Mg(r_1\cos\alpha + r_2\cos\beta + r_3\cos\gamma) = Mgh \tag{4.8}$$

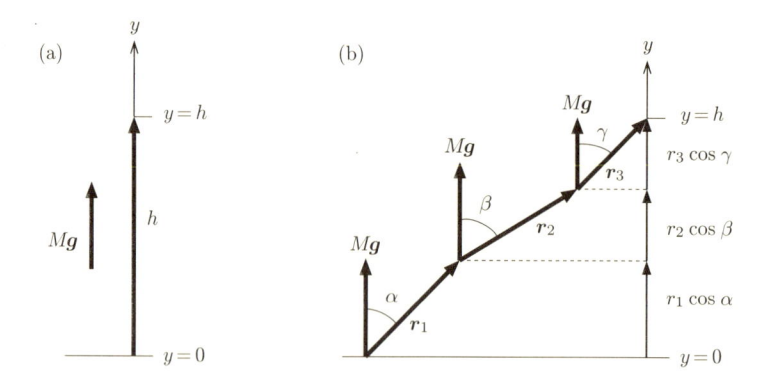

図 4.4　(a) 質量 M の荷物を真上に運ぶ場合．(b) r_1, r_2, r_3 を通って斜めに運ぶ場合．

4.2 位置エネルギー（ポテンシャルエネルギー）

となる．(4.7),(4.8) 式の結果は，質点がされる仕事量は運ばれる道筋には依存せず，運ばれる高さのみに依存することを示している．

一般的に，質点を運ぶときになされる仕事が，途中の道筋に関係なく，始めと終わりの位置のみの関数となっている場合，質点に働いた力を**保存力**という．したがって，上に述べた重力は保存力である．保存力には，重力の他にばねの力（弾性力）や静電気の間に作用する力（クーロン力）などがある．運動条件に依存する力は保存力でない．摩擦力や空気抵抗による力などは運動の向きと逆向きに作用し，空気抵抗による力は速度に依存する．したがって，これらの力は**非保存力**である．

次に，質点がされた仕事はどうなったか考えてみる．$y=0$ の地点から h の高さまで質点を持ち上げた後に，持ち上げている力を取り除いてみると，質点は落下して下にあるものをたたいたり，つぶしたり，何がしかの仕事をする．質点が他の物体に対して仕事をする能力をもっている場合，その質点はエネルギーをもっているという．したがって，高いところに持ち上げられた（仕事をされた）質点は，低いところに位置を変えることによって仕事をする事ができるので，エネルギーをもっている事になる．このエネルギーを（重力の）**位置エネルギー**という．質点が仕事をされるということは，質点がエネルギーをもらうということである．外力がする仕事を質点が位置エネルギーとして蓄えると考えてもよい．また落下により質点のする仕事量は，位置エネルギーの減少量に等しい．上の場合，位置エネルギー (V) は

$$V = Mgh \tag{4.9}$$

である．

上で見たように，重力の位置エネルギーは高さ h に比例する．ここで h は地上 ($y=0$) を基準点にして測ったものである．地上より h_0 だけ高いところを基準点にとると，位置エネルギーは $V = Mg(h-h_0)$ となる．このように高さの基準点をどこにとるかによって位置エネルギーの値は変化し，負になることもあることに注意する必要がある．

力 $F(x)$ が保存力の場合に，位置座標 x だけの関数 $V(x)$ を

$$V(x) = -\int_{x_0}^{x} F(x')\,dx' \tag{4.10}$$

によって定義し，$V(x)$ を位置エネルギー（ポテンシャルエネルギー）という．位置エネルギーは質点の位置だけで決まる量である．ここで x_0 は位置エネルギーを測る基準の位置で，任意に選んでよい．(4.10) 式を x で微分すると

$$F(x) = -\frac{dV(x)}{dx} \tag{4.11}$$

となり，力 $F(x)$ は位置エネルギーの微分として与えられる．このように位置エネルギーの座標による微分として表される力を**保存力**という．

一例として，図 4.5 のように，質量 M の質点がばね定数 k のばねにつながれ，水平でなめらかな床の上（x 軸上）を運動するとき，x の位置における質点の位置エネルギーを求めよう．ばねが自然長のときの質点の位置を $x=0$ とする．

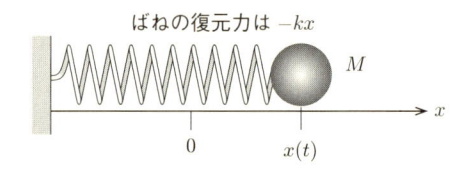

図 4.5 ばねにつながれた質点

ばねの復元力は $-kx$ である．位置エネルギーは (4.10) 式より，

$$V = -\int_0^x F\,dx = -\int_0^x (-kx)\,dx = \frac{1}{2}kx^2 \tag{4.12}$$

V は弾性力による位置エネルギーで，**弾性エネルギー**と呼ばれる．

問 4.1. 天井に一端を固定されたばね定数 k のばねに，質量 M の質点がつり下げられている．つり合って静止している質点の位置を，鉛直方向にとった y 座標の原点とし，下向きを正とする．原点を位置エネルギーが 0 の点とし，ばねの自然長の位置を $y = -b$ として，質点の位置エネルギーを y の関数として表せ（第 3.3 節の図 3.6 と同じ状況である）．

解 1 質点が y の位置にあるとき，質点にはばねの復元力 $-k(y+b)$ と重力 Mg が作用している．したがって，$kb = Mg$ の関係から，質点に作用する合力は $-k(y+b) + Mg = -ky$ となる．この力に逆らって質点を y の位置まで下げる仕事，すなわち質点の位置エネルギーを V_E とすれば，(4.12) 式と同様に，

$$V_E = -\int_0^y (-ky)\,dy = \frac{1}{2}ky^2$$

解 2 ばねの復元力 $-k(y+b)$ による位置エネルギー V_E は，$kb = Mg$ より，

$$V_{\mathrm{E}} = -\int_0^y -k(y+b)\,\mathrm{d}y = \frac{1}{2}ky^2 + kby = \frac{1}{2}ky^2 + Mgy$$

である.一方,重力による位置エネルギーを V_{G} とすれば,V_{G} は y とともに減少するので $V_{\mathrm{G}} = -Mgy$ である.したがって,全体の位置エネルギー V は

$$V = V_{\mathrm{E}} + V_{\mathrm{G}} = \frac{1}{2}ky^2 + Mgy - Mgy = \frac{1}{2}ky^2$$

4.3 運動エネルギー

y 軸上を運動する質量 m の質点に,一定の力 $\boldsymbol{F}$ が作用している場合を考える.この場合のニュートンの運動方程式は $m\dfrac{\mathrm{d}^2 y}{\mathrm{d}t^2} = F$ であり,これを時刻 $t = 0$ で速度が v_0,座標が y_0 の条件で積分して速度と座標を求めれば,

$$v = \frac{F}{m}t + v_0 \tag{4.13}$$

$$y = \frac{F}{2m}t^2 + v_0 t + y_0 \tag{4.14}$$

となることは第 1.3 節で学んだ.(4.13) 式より $t = \dfrac{m}{F}(v - v_0)$ であるが,これを (4.14) 式に代入すれば次式のようになる.

$$\begin{aligned}
y - y_0 &= \frac{F}{2m}\frac{m^2}{F^2}(v - v_0)^2 + v_0 \frac{m}{F}(v - v_0) \\
&= \frac{m}{2F}(v^2 - 2vv_0 + v_0{}^2) + \frac{m}{F}(vv_0 - v_0{}^2) \\
&= \frac{m}{2F}v^2 - \frac{m}{2F}v_0{}^2 \\
&= \frac{1}{F}\left(\frac{1}{2}mv^2 - \frac{1}{2}mv_0{}^2\right)
\end{aligned}$$

$$\therefore\quad F\cdot(y - y_0) = \frac{1}{2}mv^2 - \frac{1}{2}mv_0{}^2 \tag{4.15}$$

左辺は,力と移動距離の積であるから仕事(エネルギーの変化量)である.したがって,右辺に現れる $\dfrac{1}{2}mv^2$ は,動いている物体がもつエネルギーを表し,**運動エネルギー**と呼ばれる.右辺は力が作用した後の運動エネルギーと作用する前の運動エネルギーの差,すなわち運動エネルギーの変化量であるから,

運動エネルギーの変加量は外力のした仕事に等しい

ことを示している.またこの式は,運動エネルギーが減少する事によって外に仕事をする事ができるということ,つまり運動している質点は仕事をする事が

できるということを意味している．高速で流れている水が水車の羽根に当たり，水の運動エネルギーの減少量だけ水車を回し，発電したり，粉を挽いたりできる現象はその例である．

これまでは，力が一定の場合について述べたが，次に力が $F(x)$ のように位置 x に依存して変わる場合を考える．運動方程式は

$$m\frac{dv}{dt} = F(x) \tag{4.16}$$

である．ここで $v = \dfrac{dx}{dt}$ より，左辺に v，右辺に $\dfrac{dx}{dt}$ を掛けると，

$$mv\frac{dv}{dt} = \frac{m}{2}\frac{d}{dt}(v^2) = \frac{d}{dt}\left(\frac{1}{2}mv^2\right) = F(x)\frac{dx}{dt} \tag{4.17}$$

となる．時刻 t_A, t_B において，質点の位置は x_A, x_B，速度は v_A, v_B であるとして，上の式の最後の等式を t_A から t_B まで積分する．

$$\int_{t_A}^{t_B}\frac{d}{dt}\left(\frac{1}{2}mv^2\right)dt = \int_{t_A}^{t_B}F(x)\frac{dx}{dt}dt$$

$$\frac{1}{2}mv_B{}^2 - \frac{1}{2}mv_A{}^2 = \int_{x_A}^{x_B}F(x)dx \tag{4.18}$$

この関係式は，力 $F(x)$ がどのような力であっても，質点の動く道筋が直線であっても，曲線であっても成り立つ．また左辺が運動の最初と最後の運動エネルギーの差だけになっていることにも注意しよう．

3次元運動の場合は，変数 x を位置ベクトル $\boldsymbol{r}$ に換えればよい．

$$\frac{1}{2}m\boldsymbol{v}_B{}^2 - \frac{1}{2}m\boldsymbol{v}_A{}^2 = \int_{\boldsymbol{r}_A}^{\boldsymbol{r}_B}\boldsymbol{F}(\boldsymbol{r})d\boldsymbol{r} \tag{4.19}$$

4.4 力学的エネルギー保存の法則

(4.15) 式を力 F が保存力である落下運動に適用してみよう．鉛直上方を y 座標の正方向とし，$t=0$ に高さ y_0 を速さ v_0 で落下している質量 m の質点が，t 秒後に高さ y まで落下して速さ v になったとする．質点に作用する力は $F = -mg$ であり，g は高度に依存しないとすると，(4.15) 式は，

$$-mg(y - y_0) = \frac{1}{2}mv^2 - \frac{1}{2}mv_0{}^2 \tag{4.20}$$

となる．左辺は t 秒間の落下距離（高さの差）に比例する仕事で，位置エネルギーの減少量である．この式を $t=0$ の状態と，$t=t$ の状態とに分ければ

$$\frac{1}{2}mv^2 + mgy = \frac{1}{2}mv_0{}^2 + mgy_0 = （一定） \tag{4.21}$$

となる．この式は，任意の時刻における運動エネルギーと位置エネルギーの和（**力学的エネルギーと呼ばれる**）は，初期状態における力学的エネルギーに等しいことを示している．つまり，**力学的エネルギーは時間の経過によらず，一定の値を保つ**．このことを**力学的エネルギー保存の法則**という．

注意 (4.21) 式で表した力学的エネルギー保存の法則は，保存力である重力下の運動において成立するものであり，一般に任意の力の下で成立するものではない．前に述べたように，(4.19) 式は運動一般において成り立つ関係であるが，もし (4.19) 式の右辺の積分が，質点の動く道筋によって異なるような場合は，(4.21) 式のような力学的エネルギー保存の法則の関係は成立しなくなる．**エネルギー保存の法則は保存力下の運動においてのみ成り立つ法則である**ことを理解しておくことは大切である．

重力下の質点の運動において，ある高さの力学的エネルギーがわかる場合は，力学的エネルギー保存の法則を利用して，任意の位置での速度を求めることができる．この場合は重力が保存力だからである．

図 4.6 のように，鉛直上向きに y 軸，水平左向きに x 軸をとり，高さ $3h$ の位置に静止している質量 M の質点が，なめらかな斜面を滑り降り，高さ h より水平方向に速さ v で飛び出すとする．このときの速さ v を求めてみよう．

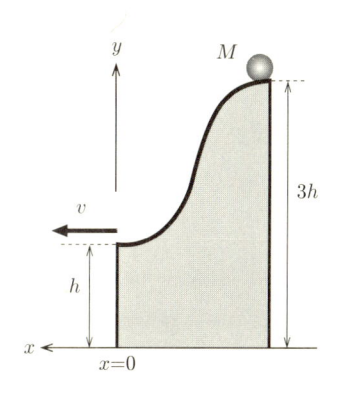

高さが $3h$ のときは速さが 0 で，力学的エネルギーは位置エネルギー $3hMg$ のみであり，高さが h のときは運動エネルギー $\frac{1}{2}Mv^2$ と位置エネルギー hMg との和である．2 つの高さにおいて，力学的エネルギーは等しいことより，$3hMg = \frac{1}{2}Mv^2 + hMg$．これより $v = 2\sqrt{gh}$ が求まる．

図 4.6 力学的エネルギー

次に，地上に落下する直前の x, y 軸方向の速さ v_x, v_y を求めてみよう．x 軸方向は加速度が 0 なので，飛び出すときの v に等しい．ゆえに $v_x = 2\sqrt{gh}$．次に y 軸方向を考える．地上では $y = 0$ より力学的エネルギーは運動エネルギー $\frac{1}{2}Mv_y^2$ のみである．高さが h では水平方向に飛び出したことから y 軸方向の速さは 0 であり，力学的エネルギーは位置エネルギー hMg のみである．したがって，$Mgh = \frac{1}{2}Mv_y^2$ より $v_y = -\sqrt{2gh}$．

また，地上に落下する直前の速さ v_0 を求めてみよう．地上での力学的エネルギーは $\frac{1}{2}Mv_0{}^2$ であり，高さが $3h$ での力学的エネルギーは $3hMg$ であった．これらは等しいので，$3hMg = \frac{1}{2}Mv_0{}^2$．ゆえに $v_0 = \sqrt{6gh}$

v_0 を求める場合は，すでに求めた v_x, v_y を用いてもよい．
$$v_0 = \sqrt{v_x{}^2 + v_y{}^2} = \sqrt{4gh + 2gh} = \sqrt{6gh}$$

問 4.2. 図 3.5 (p.55) に示した質点の運動において，質点が $x(t)$ にあるときの力学的エネルギーを求め，ばねの振動でエネルギー保存の法則が成り立つことを示せ．ただし，位置エネルギーの基準点を $x = 0$ とする．

解 図 3.5 の質点は $x(t) = A\cos\omega t$, $\omega^2 = k/m$ の単振動をしており，$x(t)$ におけるばねの復元力は $-kx$ であるから，質点の位置エネルギー V は，
$$V = -\int_0^x (-kx)\,\mathrm{d}x = \frac{1}{2}kx^2 = \frac{1}{2}kA^2\cos^2\omega t = \frac{1}{2}m\omega^2 A^2 \cos^2\omega t$$
である．運動エネルギー K は，速さ v が $v = \dfrac{\mathrm{d}x}{\mathrm{d}t} = -\omega A\sin\omega t$ より
$$K = \frac{1}{2}mv^2 = \frac{1}{2}m\omega^2 A^2 \sin^2\omega t$$
である．ゆえに力学的エネルギー E は，$E = K + V$ より
$$E = \frac{1}{2}m\omega^2 A^2 \sin^2\omega t + \frac{1}{2}m\omega^2 A^2 \cos^2\omega t$$
$$= \frac{1}{2}m\omega^2 A^2 = \frac{1}{2}kA^2$$
となり，時間を含まない定数となるので，エネルギー保存の法則が成り立つ．

問 4.3. 図 3.7 (p.59) に示した単振り子の運動において，鉛直線と糸のなす角が 0 から ϕ まで変わるとき，重力が軌道に沿ってする仕事 W を求めよ．また，最下点を位置エネルギーの基準点とするとき，おもりの位置エネルギー V を最下点からの高さ h で表せば $V = mgh$ となることを示せ．おもりの質量は m，糸の長さは L である．

解 最下点から軌道に沿って距離 s をとると，$\mathrm{d}s = L\,\mathrm{d}\phi$ であり，軌道に沿った重力の成分は $-mg\sin\phi$ で，進行方向と逆向きである．したがって，重力の

する仕事は負であり，次式で与えられる．
$$W = \int_0^\phi (-mg\sin\phi) L \,\mathrm{d}\phi = -mgL \int_0^\phi \sin\phi \,\mathrm{d}\phi = -mgL(1-\cos\phi)$$
位置エネルギーは，重力の軌道に沿った成分に逆らっておもりを ϕ まで移動させる仕事に等しいので，$V = -W$ である．
$$\therefore \quad V = mgL(1-\cos\phi)$$
また，おもりの高さ h と ϕ との関係は $h = L(1-\cos\phi)$ であるから，$V = mgh$ である．

5

力のモーメントと角運動量

　この章を読む前に，付録 A.10.2 節「ベクトルの外積（ベクトル積）」に目を通しておくことが望ましい．

5.1 力のモーメント

　テコや天秤などをみれば，力には支点のまわりに物体を回転させる働きがあることがわかる．この働きの大きさは，力の大きさだけでなく，支点から作用点（力の働く点）までの長さにも比例する．図 5.1 は，棒 OP の一端を支点 O に固定し，支点 O から r の位置にある他端の点 P を，F の力で引いている状態を示している．r と F のなす角を θ とし，

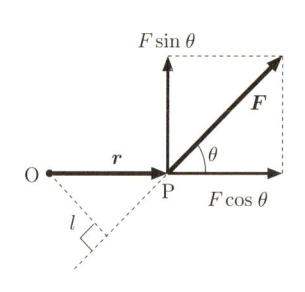

図 5.1 力のモーメント

ともに紙面内にあるとする．図のように，支点 O から力の作用線（力の方向を示す線）までの距離を l とすると，回転させる働きの大きさ N は，

$$N = lF \tag{5.1}$$

であり，この l を**腕の長さ**という．さらに，$l = r\sin\theta$ であるから，

$$N = rF\sin\theta \tag{5.2}$$

と表すことができる．

　一方，図 5.1 のように，力 F を r に平行な成分と垂直な成分に分解してみると，r に平行な力の成分 $F\cos\theta$ で点 P を引いても，r が回転しないことは自

明であり，回転に寄与する力は r に垂直な成分 $F\sin\theta$ だけである．したがって，回転させる働きの大きさ N は $N = rF\sin\theta$ と表すことができ，(5.2) 式と一致する．

この回転させる作用を**力のモーメント**といい，N で表す．回転には**方向と向き**があるので，力のモーメントはベクトル量として扱われる．図 5.2 に示すように，位置ベクトル r の終点 P に力 F が作用している場合，力のモーメント N は次のように定義される．

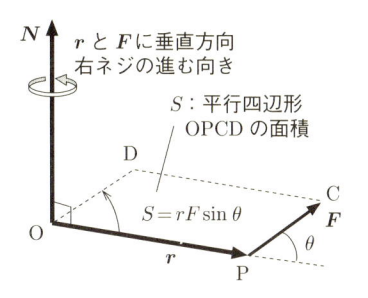

図 5.2 力のモーメント定義

---

1. 大きさは $N = rF\sin\theta$ で，2 つのベクトル r と F がつくる平行四辺形の面積 S に等しい．
2. 方向は r と F の両方に垂直，すなわち r と F の張る平面に垂直である．
3. 向きは r の始点においた右ネジを，r が回転する方向に回すとき，ねじの進む向きである．また回転が反時計回りのときに符号は正とする．

上の 3 つの性質をもつ力のモーメント N は，r と F との**外積**（ベクトル積）で表すことができる．［p.125, 付録 A.10.2 節の (A.35) 式で A を r で，B を F で置き換える．］　つまり，

$$N = r \times F \tag{5.3}$$

この式を成分で表せば，

$$N_x = yF_z - zF_y, \qquad N_y = zF_x - xF_z, \qquad N_z = xF_y - yF_x \tag{5.4}$$

である．N_x, N_y, N_z はそれぞれ力 F が物体を x 軸，y 軸，z 軸のまわりに回転させる作用を表すものと考えてよい．

問 5.1. 図 5.3 のように，位置ベクトル r の終点に力 F が θ の角をなして作用するとき，$N_z = xF_y - yF_x$ が $rF\sin\theta$ に等しいことを示せ．

解 図 5.3 より，$x = r\cos\alpha$，$y = r\sin\alpha$，$F_x = F\cos(\alpha+\theta)$，$F_y = $

$F\sin(\alpha+\theta)$ であるから,

$$\begin{aligned}
N_z &= xF_y - yF_x \\
&= r\cos\alpha F\sin(\alpha+\theta) \\
&\quad - r\sin\alpha F\cos(\alpha+\theta) \\
&= rF\cos\alpha(\sin\alpha\cos\theta + \cos\alpha\sin\theta) \\
&\quad - rF\sin\alpha(\cos\alpha\cos\theta - \sin\alpha\sin\theta) \\
&= rF\sin\theta
\end{aligned} \tag{5.5}$$

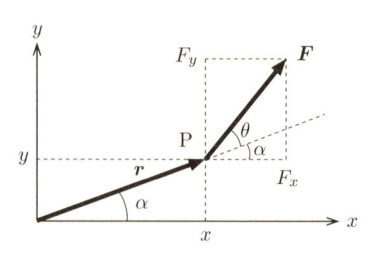

図 5.3　$N_z = xF_y - yF_x = rF\sin\theta$

5.2　角運動量

質点の回転運動について考えよう．ニュートンの運動方程式 (1.31) は，運動量 $\boldsymbol{p}$ の x, y 方向の成分 $p_x = mv_x$, $p_y = mv_y$ によって，

$$\frac{\mathrm{d}p_x}{\mathrm{d}t} = F_x, \qquad \frac{\mathrm{d}p_y}{\mathrm{d}t} = F_y \tag{5.6}$$

と表される．これらを (5.4) 式の N_z の式に代入すると，

$$N_z = xF_y - yF_x = x\frac{\mathrm{d}p_y}{\mathrm{d}t} - y\frac{\mathrm{d}p_x}{\mathrm{d}t} = \frac{\mathrm{d}}{\mathrm{d}t}(xp_y - yp_x) \tag{5.7}$$

となる．したがって，

$$\frac{\mathrm{d}}{\mathrm{d}t}(xp_y - yp_x) = xF_y - yF_x \tag{5.8}$$

上式の左辺括弧内は，付録 A.10.2 節の (A.35) 式で $\boldsymbol{A}$ を $\boldsymbol{r}$ で，$\boldsymbol{B}$ を $\boldsymbol{p}$ で置き換えれば，ベクトル $\boldsymbol{r}$ と $\boldsymbol{p}$ の外積 $\boldsymbol{r}\times\boldsymbol{p}$ の z 成分になっており，右辺は (5.3) 式より $\boldsymbol{r}\times\boldsymbol{F}$ の z 成分であるから，

$$\frac{\mathrm{d}}{\mathrm{d}t}(\boldsymbol{r}\times\boldsymbol{p})_z = (\boldsymbol{r}\times\boldsymbol{F})_z \tag{5.9}$$

と書くことができる．同様にして x 成分, y 成分も，

$$\frac{\mathrm{d}}{\mathrm{d}t}(\boldsymbol{r}\times\boldsymbol{p})_x = (\boldsymbol{r}\times\boldsymbol{F})_x, \qquad \frac{\mathrm{d}}{\mathrm{d}t}(\boldsymbol{r}\times\boldsymbol{p})_y = (\boldsymbol{r}\times\boldsymbol{F})_y$$

と書くことができ，上の 3 つの式をまとめて書くと

$$\frac{\mathrm{d}}{\mathrm{d}t}(\boldsymbol{r}\times\boldsymbol{p}) = \boldsymbol{r}\times\boldsymbol{F} \tag{5.10}$$

である．$\boldsymbol{r}\times\boldsymbol{p}$ をあらためて

$$\boldsymbol{L} = \boldsymbol{r}\times\boldsymbol{p} \tag{5.11}$$

と書き，この $\boldsymbol{L}$ を**角運動量**と呼ぶ．

力のモーメントの場合と同様に角運動量を幾何学的にみると，図 5.4 に示すよう

に，角運動量の大きさは，r と $\boldsymbol{r}$ に垂直な $\boldsymbol{p}$ の成分 $p\sin\theta$ の積 $rp\sin\theta$ である．また，図において運動量 $\boldsymbol{p}$ の延長線から回転軸までの垂直距離を求めると，テコの腕に相当する OR の長さが $r\sin\theta$ であり，角運動量はこの腕の長さに運動量 p を掛けたものとみることもできる．したがって，**運動量のモーメント**とも呼ばれる．

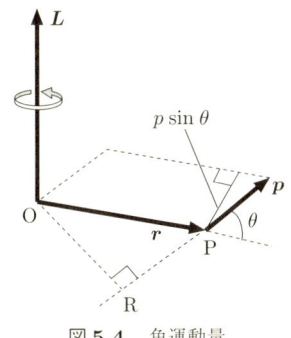

図 5.4 角運動量

> **問 5.2.** 半径 r，角速度 ω で等速円運動している質量 m の質点の，角運動量の大きさ L を求めよ．

解 第 3.1 節で見たように，等速円運動の速度 $\boldsymbol{v}$ は動径 $\boldsymbol{r}$ と直交し，軌道の接線方向を向いており，その大きさは $v=|\boldsymbol{v}|=r\omega$ である．したがって，運動量の大きさ p は，$p=mr\omega$ であり，(5.11) 式から次のように求まる．

$$L = rp = mr^2\omega \tag{5.12}$$

5.3 角運動量保存の法則

(5.10) 式の右辺は力のモーメント $\boldsymbol{N}$ であり，$\boldsymbol{L}$ を用いて書き換えれば，

$$\frac{d\boldsymbol{L}}{dt} = \boldsymbol{N} \tag{5.13}$$

となる．この式は，回転運動に対する運動方程式であり，「任意の回転軸のまわりの角運動量の時間的変化の割合は，その軸のまわりの外力のモーメントに等しい」ことを表している．

図 5.1 で見たように，軸のまわりに回転させる力は $\boldsymbol{r}$ に垂直な力の成分であり，力が作用していても垂直方向成分が 0 の場合には $N=0$ である．このような場合は，(5.13) 式から $\dfrac{d\boldsymbol{L}}{dt}=\boldsymbol{0}$ であり，これを積分すれば，

$$\boldsymbol{L} = \boldsymbol{C}\ (\text{一定}) \tag{5.14}$$

となる．すなわち，**力のモーメントが 0 のときには角運動量は保存される**．これを**角運動量保存の法則**という．

一例として，質量 m の惑星に作用する力 $\boldsymbol{F}$ が，r だけ離れた質量 M の太陽との間に働く万有引力 $\boldsymbol{F} = -G\dfrac{mM}{r^2}\cdot\dfrac{\boldsymbol{r}}{r}$ （G はニュートンの重力定数）

の場合を考えてみよう．$\dfrac{r}{r}$ は動径方向の単位ベクトルを表すので，万有引力は動径方向成分のみをもち接線方向成分をもたない中心力である．この場合，$\bm{r} \times \bm{r} = \bm{0}$ より

$$\bm{N} = \bm{r} \times \bm{F} = -G\dfrac{(\bm{r} \times \bm{r})mM}{r^3} = \bm{0} \tag{5.15}$$

となり，力のモーメントを生じない．したがって，$d\bm{L}/dt = \bm{0}$ より，

$$\bm{L} = (一定) \tag{5.16}$$

となって，中心力のみが作用する運動では，角運動量は保存される．

この結果に基づいて，太陽を回る惑星の運動に関する，**面積速度一定の法則**について考えてみよう．図 5.5 のように，微小時間 dt の間に，惑星が軌道 S 上を点 P_1 から P_2 まで移動し，このときの中心角が $d\theta$ であるとする．そして，P_1 と P_2 の中点 P と太陽 O を結んだ動径 OP の長さを r とし，P における OP の垂線と動径 OP_1 および OP_2 との交点を Q_1 および Q_2 とする．微小時間の運動において，軌道 P_1P_2 は直線とみなすことができ，$\triangle PQ_1P_1 = \triangle PQ_2P_2$ となり，$\triangle OP_1P_2 = \triangle OQ_1Q_2$ となることから，惑星の運動は r が一定の円運動とみなすことができる．したがって，$Q_1Q_2 = r\,d\theta$ を用いれば，動径が dt の間に描く面積 dS は，

$$dS = \triangle OQ_1Q_2 = \dfrac{1}{2} \times OP \times Q_1Q_2 = \dfrac{1}{2} \times r \times r\,d\theta = \dfrac{1}{2}r^2\,d\theta$$

である．**面積速度**は dS を dt で割ったものであるから，

$$(面積速度) = \dfrac{1}{2}r^2\dfrac{d\theta}{dt} = \dfrac{1}{2}r^2\omega \tag{5.17}$$

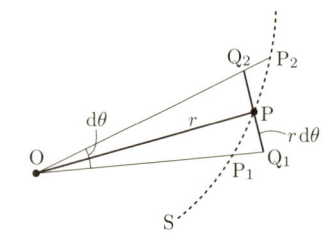

図 5.5 惑星の運動

が得られる．

一方，問 5.2 において角運動量は $L = mr^2\omega$ と求められ，太陽からの万有引力（中心力）を受ける惑星の場合は，(5.16) 式が示すように角運動量は一定である．したがって，$r^2\omega$ は一定であることから，(5.17) 式の面積速度も一定であることが示される．

この結果は，**面積速度一定の法則**といわれるケプラーの**第 2 法則**「太陽と惑星を結ぶ動径が一定時間に描く面積は一定である」を示しており，ニュートンの万有引力説の正しさが裏づけられた．

6 質点系の運動

質点が2個以上集まって、互いに力を及ぼしあっている体系を**質点系**という。はじめに、質点系内部の現象として、質点同士の衝突を考える。次に、質点系全体の運動を、質量中心の運動と質量中心に対する各質点の相対運動の和として表すことを考える。

6.1 質点系の運動量保存の法則

外力が働かないとき、1個の質点の運動量が保存されることは第 2.1.2 節例題 2.3 ですでに述べた。ここでは、2個の質点 A, B からなる質点系の運動量保存の法則について考える。質点 A が質点 B から受ける力を $\boldsymbol{F}_{AB}$、質点 B が質点 A から受ける力を $\boldsymbol{F}_{BA}$ とし、質点 A と B の速度をそれぞれ $\boldsymbol{v}_A$, $\boldsymbol{v}_B$ とするとき、ニュートンの運動方程式は次式で表される。

$$m_A \frac{\mathrm{d}\boldsymbol{v_A}}{\mathrm{d}t} = \boldsymbol{F}_{AB} + \boldsymbol{F}_A$$

$$m_B \frac{\mathrm{d}\boldsymbol{v_B}}{\mathrm{d}t} = \boldsymbol{F}_{BA} + \boldsymbol{F}_B$$

ここで m_A, m_B は質点 A, B の質量、$\boldsymbol{F}_A$, $\boldsymbol{F}_B$ は質点系の外(この場合は質点 A, B 以外の物)から質点 A, B に作用する力である。質点系内の質点同士が互いに及ぼす力 $\boldsymbol{F}_{AB}$, $\boldsymbol{F}_{BA}$ を**内力**、質点系外から質点に作用する力 $\boldsymbol{F}_A$, $\boldsymbol{F}_B$ を**外力**という。

運動の第3法則より $\boldsymbol{F}_{AB} = -\boldsymbol{F}_{BA}$, すなわち $\boldsymbol{F}_{AB} + \boldsymbol{F}_{BA} = \boldsymbol{0}$ であること

を考慮して，上記の2式の和をとれば次式となる．

$$\frac{\mathrm{d}}{\mathrm{d}t}(m_A\boldsymbol{v_A} + m_B\boldsymbol{v_B}) = \boldsymbol{F_A} + \boldsymbol{F_B} \tag{6.1}$$

左辺の括弧の中は，2つの質点の運動量の和であり，これを $\sum \boldsymbol{p}_i$ と書き，また右辺は2つの質点に働く外力の和であり，これを $\sum \boldsymbol{F}_i$ と書けば，

$$\frac{\mathrm{d}}{\mathrm{d}t}\sum \boldsymbol{p}_i = \sum \boldsymbol{F}_i \tag{6.2}$$

この式は，質点が2個以上の場合でも成り立ち，1個の質点の運動を考えた場合の運動量と力の関係とまったく同じ結果を示している．すなわち，

質点系の全運動量の時間変化率は質点系に作用する全外力の和に等しい．

そして，内力には関係しない．

外力が作用していないか，または外力が作用していてもその和が0の場合は，(6.2)式の右辺は0であるから，$\frac{\mathrm{d}}{\mathrm{d}t}\sum \boldsymbol{p}_i = \boldsymbol{0}$ となり，積分すると

$$\sum \boldsymbol{p}_i = \boldsymbol{C} \quad (\text{一定}) \tag{6.3}$$

となって，全運動量は一定であることがわかる．これを質点系の**運動量保存の法則**という．

6.2　力積と運動量変化

ボールをバットで打つ場合や，質点同士の衝突の場合は，質点に作用する力が瞬間的で，時々刻々変化する．この場合，(1.34)式 $\frac{\mathrm{d}\boldsymbol{p}}{\mathrm{d}t} = \boldsymbol{F}$ の両辺に微小時間 $\mathrm{d}t$ を掛けると，

$$\mathrm{d}\boldsymbol{p} = \boldsymbol{F}\mathrm{d}t \tag{6.4}$$

となり，微小時間 $\mathrm{d}t$ 間における運動量の変化量 $\mathrm{d}\boldsymbol{p}$ は，その間に作用した力 $\boldsymbol{F}$

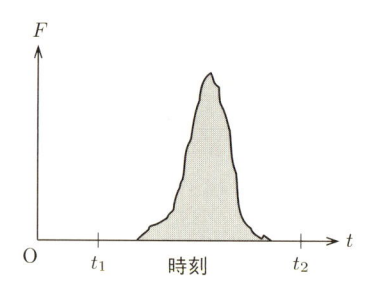

図 6.1　外力 $\boldsymbol{F}$ の時間変化

と $\mathrm{d}t$ との積に等しいと理解することができる．したがって，(6.4)式の両辺を，力が作用する前の時刻 t_1 から作用した後の時刻 t_2 の間で積分すると，

$$\int_{p(t_1)}^{p(t_2)} \mathrm{d}\boldsymbol{p} = [\boldsymbol{p}]_{p(t_1)}^{p(t_2)} = \boldsymbol{p}(t_2) - \boldsymbol{p}(t_1) = \int_{t_1}^{t_2} \boldsymbol{F}\,\mathrm{d}t \tag{6.5}$$

となる．ここで，$p(t_1), p(t_2)$ は時刻 t_1, t_2 における p の値である．右辺の力の積分は**力積**といわれ，図 6.1 の陰影部分の面積に等しい．この結果は，

> **運動量の変化量は，運動量が変化する間に働いた力積に等しい**

ことを示している．

力積を直接測定して求めることは困難である．しかし，運動量の差から力積を求めることは容易である．

問 6.1. 時速 10 km で動いていた質量 M [kg] の質点が，岩に当たって静止した．質点の受けた力積はいくらか．

解 衝突前の質点の運動量は $M \times 10 \cdot 10^3/3600$ [kg m/s] であり，衝突後の運動量は 0 なので，力積は $\int F\,\mathrm{d}t = 0 - 10^4 M/3600 = -25M/9$ [kg m/s]．すなわち，運動方向と逆向きの力積である．

6.3 2つの質点の衝突

衝突する前後の時刻 t_1 および t_2 における質点の運動量を $p(t_1)$ および $p(t_2)$ と表し，(6.5) 式を衝突する 2 つの質点 A, B について書けば，

$$p_\mathrm{A}(t_2) - p_\mathrm{A}(t_1) = \int_{t_1}^{t_2} F_\mathrm{AB}\,\mathrm{d}t, \quad p_\mathrm{B}(t_2) - p_\mathrm{B}(t_1) = \int_{t_1}^{t_2} F_\mathrm{BA}\,\mathrm{d}t \quad (6.6)$$

となる．ここで，運動の第 3 法則より $\int_{t_1}^{t_2} F_\mathrm{AB}\,\mathrm{d}t = -\int_{t_1}^{t_2} F_\mathrm{BA}\,\mathrm{d}t$ であるから，$p_\mathrm{A}(t_2) - p_\mathrm{A}(t_1) = -p_\mathrm{B}(t_2) + p_\mathrm{B}(t_1)$ である．この式を衝突の前後に分けて整理すると

$$p_\mathrm{A}(t_2) + p_\mathrm{B}(t_2) = p_\mathrm{A}(t_1) + p_\mathrm{B}(t_1) \quad (6.7)$$

となって，衝突の前後で 2 つの質点の運動量の和は等しく，**運動量保存の法則**が成り立つことを示している．

一方，次のような経験則がある．**2 つの質点が衝突する場合，衝突前後の相対速度の比は一定である**．すなわち，2 つの質点 A, B の衝突前の速度を $v_\mathrm{A}, v_\mathrm{B}$，衝突直後の速度を $V_\mathrm{A}, V_\mathrm{B}$ とすれば，次式が成り立つ．

$$e = -\frac{V_\mathrm{A} - V_\mathrm{B}}{v_\mathrm{A} - v_\mathrm{B}} \quad (6.8)$$

比 e は**はね返り係数**（**反発係数**）と呼ばれ，質点の種類によって異なる値を

とる．$e=1$ の場合の衝突は（完全）**弾性衝突**と呼ばれ，衝突に際し，運動エネルギーは保存され，質点 A と質点 B の相対速度は変わらない．$e=0$ の場合は**完全非弾性衝突**と呼ばれ，衝突後は 2 つの質点が一体となって運動する．$0<e<1$ の場合は**非弾性衝突**と呼ばれ，衝突前の運動エネルギーの一部が音，熱，ひずみ，その他のエネルギーとして消耗され，その分だけ衝突後の相対速度が小さくなる．

衝突の問題は，上述の運動量保存の法則と，はね返り係数の 2 つの条件を使って解くことができる．弾性衝突の場合はエネルギー保存の法則も成り立つ．たとえば，図 6.2 のように，なめらかな水平面上において，静止している質量 m の質点 B に，質量 m の質点 A が速度 v_A で正面衝突するとき，はね返り係数を $e=0.5$ として，衝突後の質点 A, B の速度を求めよう．衝突後の質点 A, B の速度を V_A, V_B とすれば，(6.8) 式において $v_B=0$ であるから，$0.5 = -\dfrac{V_A - V_B}{v_A}$ となって

$$0.5 v_A = -V_A + V_B \tag{6.9}$$

である．また，運動量保存の法則より，

$$m v_A = m V_A + m V_B, \quad \therefore \quad v_A = V_A + V_B \tag{6.10}$$

である．(6.9)+(6.10) 式より，

$$1.5 v_A = 2 V_B, \quad \therefore \quad V_B = 0.75 v_A$$

(6.10) 式に代入して $\quad V_A = 0.25 v_A$

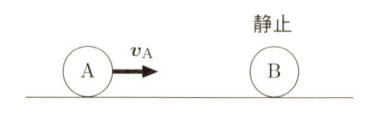

図 6.2 質点の衝突

> **問 6.2.** 図 6.3 のように，なめらかな水平面上を速さ v_A で動いている質量 m の質点 A に，A の進行方向から同じ質量 m の質点 B が速さ v_B で正面衝突するものとする．弾性衝突であるとして，衝突後の質点 A, B の速度を求めよ．

解 衝突前の質点 A の速度の向きを正とし，衝突後の質点 A, B の速度を V_A, V_B とする．このように定義すれば，衝突前の質点 B の速度は衝突前の質点 A の速度と

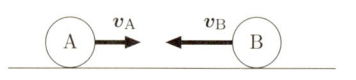

図 6.3 質点の正面衝突

逆向きなので，負符号を付けて $-v_B$ と表される．弾性衝突では，はね返り係数は $e=1$ であるから，

$$1 = -\frac{V_A - V_B}{v_A - (-v_B)}, \qquad \therefore \quad v_A + v_B = -V_A + V_B \tag{6.11}$$

運動量保存の法則から，

$$mv_A + (-mv_B) = MV_A + MV_B, \qquad \therefore \quad v_A - v_B = V_A + V_B \tag{6.12}$$

(6.11)+(6.12) 式より，

$$2v_A = 2V_B, \qquad \therefore \quad V_B = v_A$$

である．これを (6.12) 式に代入すれば $V_A = -v_B$ となって，速度が入れ替わることを示している．

6.4　質量の中心（重心）の運動

図 6.4 のように，多くの質点（i 番目の質点の質量を m_i，原点 O から測った位置ベクトルを r_i とする）からなる系を考えるとき，質点系の全質量を $M = \sum_i m_i$ として，質量の中心 G の位置ベクトル R を次のように定義する．

$$M\bm{R} = \sum_i m_i \bm{r}_i \quad \text{または} \quad \bm{R} = \frac{\sum_i m_i \bm{r}_i}{M} \tag{6.13}$$

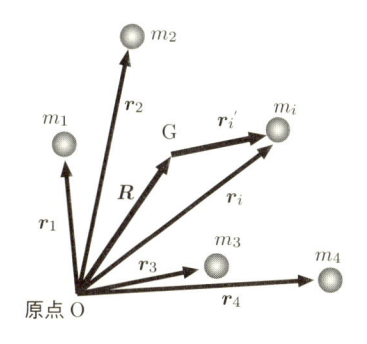

図 6.4　質点の位置ベクトル

ここで $\bm{R}$ の意味を考えるために，外力が作用しても質点間の距離が変わらないとし，(6.13) 式の両辺に重力の加速度（ベクトル）$\bm{g}$ を掛けて，位置ベクトルと重力とのベクトル積をつくると，

$$\bm{R} \times M\bm{g} = \sum_i \bm{r}_i \times m_i \bm{g} \tag{6.14}$$

となる．この式は，原点 O のまわりの各質点の重力のモーメントの和（右辺）は，質量の中心の位置 $\bm{R}$ に全重力 $M\bm{g}$ が作用する場合の重力のモーメント（左辺）に等しいことを示している．

また，座標の原点 O を移動して質量の中心 G に一致させた場合は，$\bm{R} = 0$

となるので (6.14) 式の左辺は 0 となる．すなわち，中心 G の前後左右で力のモーメントはつり合っている．このとき，図のように重心 G から測った質点の位置ベクトルを r_i' と書けば

$$\sum_i r_i' \times m_i \boldsymbol{g} = 0 \tag{6.15}$$

したがって，質量の中心 G のまわりの重力のモーメントは 0 となり，質量の中心 G を自由な状態で支えたとしても，質点系は重力によって回転することはない．このような理由から，質点系の質量の中心は**重心**とも呼ばれる．

(6.13) 式 $M\boldsymbol{R} = \sum_i m_i \boldsymbol{r}_i$ の両辺を時間 t で微分すれば，

$$M\frac{d\boldsymbol{R}}{dt} = M\boldsymbol{V} = \sum_i m_i \frac{d\boldsymbol{r}_i}{dt} = \sum_i m_i \boldsymbol{v}_i = \sum_i \boldsymbol{p}_i$$

$$\therefore \quad M\boldsymbol{V} = \sum_i \boldsymbol{p}_i \tag{6.16}$$

となり，

質点系の全質点の運動量の和は，全質量と重心の速度の積に等しい

ことを示している．また，(6.16) 式の両辺を時間 t で微分すれば，

$$M\frac{d^2\boldsymbol{R}}{dt^2} = \sum_i m_i \frac{d^2\boldsymbol{r}_i}{dt^2} = \sum_i \boldsymbol{F}_i$$

$$\therefore \quad M\frac{d^2\boldsymbol{R}}{dt^2} = \sum_i \boldsymbol{F}_i \tag{6.17}$$

この式は，質点系の重心の運動方程式であって，各質点が異なる力 $\boldsymbol{F}_i$ を受けている場合でも，**重心の運動は，質点系が受ける力の和** $\sum_i \boldsymbol{F}_i$ **によって，質量 M の質点が運動する場合と同じであることを示している．**

> **問 6.3.** 図 6.5 のように，質量が $3m, 2m, m$ の質点が，それぞれ xy 平面上の $(-1,1), (2,-1), (1,2)$ の位置に分布している質点系を考える．この質点系の重心の位置ベクトル $\boldsymbol{R}$ およびその大きさを求めよ．

解 (6.13) 式より
$\boldsymbol{R} = \sum_i m_i \boldsymbol{r}_i / \sum_i m_i$ であるから，

$$\boldsymbol{R} = \frac{3m(-1,1) + 2m(2,-1) + m(1,2)}{3m + 2m + m}$$

$$= \frac{m(-3+4+1, 3-2+2)}{6m}$$

$$= \frac{(2,3)}{6} = \left(\frac{1}{3}, \frac{1}{2}\right)$$

$$R = \sqrt{\left(\frac{1}{3}\right)^2 + \left(\frac{1}{2}\right)^2} = \sqrt{\frac{13}{36}}$$

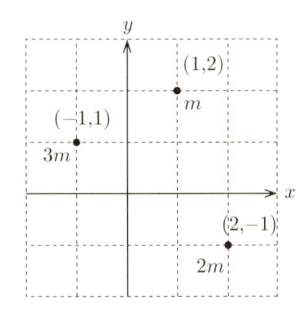

図 **6.5** 質点の分布図

6.5 質点系の運動エネルギー

質点系の運動エネルギーを，重心の運動エネルギーと重心に対する各質点の運動エネルギーの和として求めてみよう．

図 6.4 のように，原点 O から測った重心 G の位置ベクトルを $\boldsymbol{R}$，i 番目の質点の位置ベクトルを $\boldsymbol{r}_i$ とし，重心 G から測った i 番目の質点の位置ベクトルを $\boldsymbol{r}_i'$ とすれば，

$$\boldsymbol{r}_i = \boldsymbol{R} + \boldsymbol{r}_i' \tag{6.18}$$

である．これに m_i を掛け，すべての i について和をとれば

$$\sum m_i \boldsymbol{r}_i = \sum m_i \boldsymbol{R} + \sum m_i \boldsymbol{r}_i'$$
$$= M\boldsymbol{R} + \sum m_i \boldsymbol{r}_i'$$

ここで，重心の定義式 $M\boldsymbol{R} = \sum m_i \boldsymbol{r}_i$ を代入すれば

$$\sum m_i \boldsymbol{r}_i' = 0 \tag{6.19}$$

この式は (6.15) 式と同じ意味をもつ．(6.18) 式の両辺を時間で微分すれば，

$$\boldsymbol{v}_i = \boldsymbol{V} + \boldsymbol{v}_i' \tag{6.20}$$

であるが，これに m_i を掛け，すべての i について和をとれば

$$\sum m_i \boldsymbol{v}_i = \sum m_i \boldsymbol{V} + \sum m_i \boldsymbol{v}_i' = M\boldsymbol{V} + \sum m_i \boldsymbol{v}_i' \tag{6.21}$$

となり，(6.16) 式より $M\boldsymbol{V} = \sum m_i \boldsymbol{v}_i$ であるから，

$$\sum m_i \boldsymbol{v}_i' = 0 \tag{6.22}$$

が得られる．したがって，質点系の全運動エネルギー K は $K = \sum \frac{1}{2} m_i v_i^2$ であるから，(6.20), (6.22) 式より，

$$K = \sum \frac{1}{2} m_i |\boldsymbol{V} + \boldsymbol{v}_i'|^2 = \frac{1}{2} \sum m_i V^2 + \boldsymbol{V} \sum m_i \boldsymbol{v}_i' + \sum \frac{1}{2} m_i v_i'^2$$
$$= \frac{1}{2} M V^2 + \sum \frac{1}{2} m_i v_i'^2 \tag{6.23}$$

となり，次のことを示している．

質点系の全運動エネルギーは，重心に全質量が集まったと考えたときの重心の運動エネルギーと，重心に対する各質点の相対運動の運動エネルギーの和である．

問 6.4. 質量 m の人工衛星を積んだ質量 M のロケットが，速さ V_0 で水平方向に飛んでいる．このロケットが，人工衛星を前方に速さ $V_0 + v$ で放出するために必要なエネルギー E を求めよ．

解 人工衛星とロケット本体で質点系を形成していると考える．人工衛星を放出する力は内力であるから，放出後も重心の速さは V_0 と変わらない．放出後のロケットの速さを V とすれば，運動量保存の法則 $(M+m)V_0 = m(V_0+v) + MV$ より，$V = V_0 - mv/M$．したがって，重心に対してロケットは $V - V_0 = -mv/M$ の速度で後方へ，また人工衛星は v の速度で前方へ動くことになる．ゆえに人工衛星を放出した後の全運動エネルギー K は，(6.23) 式より $K = \frac{1}{2}(M+m)V_0^2 + \frac{1}{2}mv^2 + \frac{1}{2}M\left(\frac{mv}{M}\right)^2$ である．これより放出前の全運動エネルギー $K = \frac{1}{2}(M+m)V_0^2$ を引けば，放出に使ったエネルギー が求まる．

$$E = \frac{1}{2}mv^2 + \frac{1}{2}M\left(\frac{mv}{M}\right)^2 = \frac{1}{2}mv^2\left(1 + \frac{m}{M}\right)$$

6.6 質点系の角運動量保存の法則

質点系において，原点から $\boldsymbol{r}_i$ の位置にある i 番目の質点に，外力 $\boldsymbol{F}_i$ とまわりの質点からの内力 $\sum \boldsymbol{F}_{ij}$ が作用しているとき，i 番目の質点の角運動量 $\boldsymbol{l}_i = \boldsymbol{r}_i \times \boldsymbol{p}_i$ と力のモーメント $\boldsymbol{r}_i \times \left(\boldsymbol{F}_i + \sum_j \boldsymbol{F}_{ij}\right)$ の間には次の関係が成り

立つ（第 5.2 節参照）．
$$\frac{dl_i}{dt} = r_i \times F_i + r_i \times \sum_j F_{ij} \tag{6.24}$$

この式をすべての質点について書いて，辺ごとに加えれば，

$$\sum_i \frac{dl_i}{dt} = \frac{d}{dt}\sum_i l_i = \sum_i (r_i \times F_i) + \sum_i \left(r_i \times \sum_j F_{ij}\right) \tag{6.25}$$

ここで，右辺の第 2 項は内力のモーメントの和であり，総和は 0 になる．

たとえば，図 6.6 について，質点 m_i と m_j 間の内力のモーメントの和 N_{ij} を求めてみると，$N_{ij} = r_i \times F_{ij} + r_j \times F_{ji}$ より，その大きさは $|N_{ij}| = r_i \sin\theta_i \cdot F_{ij} + r_j \sin\theta_j \cdot F_{ji}$ である．ここで $r_i \sin\theta_i$ と $r_j \sin\theta_j$ は，質点 m_i と m_j を結ぶ辺を底辺とする三角形の高さであるから等しい．また運動の第 3 法則より $F_{ij} = -F_{ji}$ であるから，$|N_{ij}| = 0$ である．同様に，すべての内力は対となって存在しており，その対の内力のモーメントが打ち消し合うのであるから，(6.25) 式の右辺の第 2 項は 0 である．同式の右辺の第 1 項は外力のモーメントの和であり，$r_i \times F_i = N_i$ と書き，質点系の全角運動量を

$$\sum_i l_i = L \tag{6.26}$$

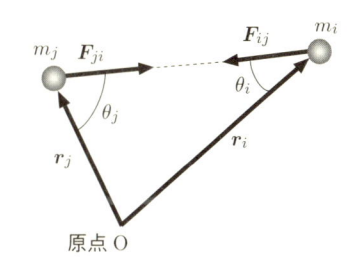

図 6.6　内力による力のモーメントは 0

と書けば，

$$\frac{d}{dt}L = \sum_i r_i \times F_i = \sum_i N_i \tag{6.27}$$

となり，次のことを示している．

質点系の全角運動量の時間変化率は，全質点に作用する外力のモーメントの和に等しい．

外力が働いていないかまたは外力のモーメントの和が 0 のとき，(6.27) 式の右辺は 0 であるから，両辺を積分すれば $L =$（一定）となり，L は時間的に不変である．これが質点系の場合の**角運動量保存の法則**である．

次に，質点系の角運動量を，重心の運動にともなう角運動量と重心のまわりの

角運動量に分けて表してみる．質点系を図6.4のように考えると，(6.18),(6.20)式より $r_i = R + r'_i$ および $v_i = V + v'_i$ であるから，

$$L = \sum r_i \times m_i v_i = \sum (R + r'_i) \times m_i (V + v'_i)$$

$$= \sum R \times m_i V + \sum R \times m_i v'_i + \sum r'_i \times m_i V + \sum r'_i \times m_i v'_i$$

$$= R \times \sum m_i V + R \times \sum m_i v'_i + \sum m_i r'_i \times V + \sum r'_i \times m_i v'_i$$

ここで，(6.19)式より $\sum m_i r'_i = 0$，(6.22)式より $\sum m_i v'_i = 0$ であるから，

$$L = R \times MV + \sum r'_i \times m_i v'_i$$

ここで，右辺の第1項は質点系の全質量が重心に集まっていると考えたときの座標原点のまわりの角運動量で，これを L_G と書けば

$$L_\mathrm{G} = R \times MV \tag{6.28}$$

第2項は重心のまわりの角運動量の和で，これを L' と書けば

$$L' = \sum r'_i \times m_i v'_i \tag{6.29}$$

$$\therefore \quad L = L_\mathrm{G} + L' \tag{6.30}$$

と表される．この式を (6.27) 式に代入すれば

$$\frac{\mathrm{d}}{\mathrm{d}t} L = \frac{\mathrm{d}}{\mathrm{d}t} (L_\mathrm{G} + L') = \frac{\mathrm{d}}{\mathrm{d}t} L_\mathrm{G} + \frac{\mathrm{d}}{\mathrm{d}t} L'$$

$$= \sum r_i \times F_i = \sum (R + r'_i) \times F_i$$

$$= \sum R \times F_i + \sum r'_i \times F_i \tag{6.31}$$

となる．さらに $L_\mathrm{G} = R \times MV$ より，

$$\frac{\mathrm{d}}{\mathrm{d}t} L_\mathrm{G} = \frac{\mathrm{d}}{\mathrm{d}t} (R \times MV) = \frac{\mathrm{d}}{\mathrm{d}t} R \times MV + R \times M \frac{\mathrm{d}V}{\mathrm{d}t}$$

$$= V \times MV + R \times M \frac{\mathrm{d}V}{\mathrm{d}t}$$

ここで $V \times V = 0$ であり，また (6.17) 式は $M \dfrac{\mathrm{d}V}{\mathrm{d}t} = \sum F_i$ と同等であるから，

$$\frac{\mathrm{d}}{\mathrm{d}t} L_\mathrm{G} = R \times M \frac{\mathrm{d}V}{\mathrm{d}t} = R \times \sum F_i = \sum R \times F_i \tag{6.32}$$

となり，次のことを示している．

原点のまわりの重心の運動にともなう角運動量の時間変化率は，全外力が重心に作用すると考えたときの外力のモーメントの和に等しい．

6.6 質点系の角運動量保存の法則

したがって，(6.31),(6.32) 式より次の式が得られる．

$$\frac{\mathrm{d}}{\mathrm{d}t}\boldsymbol{L}' = \sum \boldsymbol{r}'_i \times \boldsymbol{F}_i = \sum \boldsymbol{N}'_i \tag{6.33}$$

ここで $\boldsymbol{N}'_i$ は，i 番目の質点に作用する重心のまわりの外力のモーメントであり，この式は，**質点系の重心のまわりの全角運動量の時間変化率は，重心のまわりの外力のモーメントの和に等しい**，ことを示している．

(6.32),(6.33) 式は，(6.27) 式から得られた質点系の回転運動を表す運動方程式であるが，(6.32) 式の真ん中の等号の両辺の式を $\boldsymbol{R}$ で割れば，重心の運動方程式である (6.17) 式と同じになることから，(6.32) 式は質点系の並進運動の運動方程式 (6.17) と同じ解を与える．したがって，質点系の運動を解明するための運動方程式としては，重心の並進運動の運動方程式 (6.17) と回転運動の運動方程式 (6.33) のみを考えればよいことになる．

7 剛体の運動

7.1 剛体の運動方程式

　われわれのまわりにある固体と呼ばれる物体は，外力によって体積や形状が変化し，その変形はより硬いといわれる物体ほど小さい．ここで如何なる外力が加えられても変形しない物体を想定して**剛体**と呼ぶ．そして剛体を無数の微小体積素片に分割し，各微小体積素片を質点とみなせば，剛体は無数の質点からできており，任意の質点間の距離が外力や運動によって変化しない質点系であるということができる．このように考えれば，質点系について得られたいろいろな法則や関係式は，すべて剛体についても適用される．

　剛体の運動を考える場合にも，内力は形を保つことにのみ作用するので，完全に無視することができる．したがって，剛体の運動では，外力の和による重心の運動（**並進運動**）と，重心のまわりの外力のモーメントの和による重心のまわりの**回転運動**を考えればよい．質点系の重心のまわりの回転運動の運動方程式は (6.33) 式であるが，次節で説明するように，剛体の回転運動ではすべての微小体積素片の角速度が等しく，角運動量 L は回転軸のまわりの慣性モーメント I（剛体の形などによって決まる定数）と角速度 ω によって $L = I\omega$ と表される．また剛体が回転軸のまわりに $\mathrm{d}t$ 時間に $\mathrm{d}\theta$ の回転角だけ回転する場合は $\omega = \mathrm{d}\theta/\mathrm{d}t$ であることから，(6.33) 式は

$$I\frac{\mathrm{d}\omega}{\mathrm{d}t} = \sum_i N_i \quad \text{または} \quad I\frac{\mathrm{d}^2\theta}{\mathrm{d}t^2} = \sum_i N_i \tag{7.1}$$

となる．この式は並進運動の運動方程式と同じ形をしており，質点の運動の微

分方程式を解く場合とまったく同様な方法によって，ω や θ を求めることができる．

したがって，剛体の並進運動および回転運動の運動方程式は，全質量を M，原点から測った重心の位置ベクトルを $\boldsymbol{R}$，i 番目の微小体積素片に働く外力を $\boldsymbol{F}_i$，回転軸のまわりの力のモーメントを N_i，慣性モーメントを I および回転角を θ とすれば，

$$M\frac{\mathrm{d}^2\boldsymbol{R}}{\mathrm{d}t^2} = \sum_i \boldsymbol{F}_i \tag{7.2}$$

$$I\frac{\mathrm{d}^2\theta}{\mathrm{d}t^2} = \sum_i N_i \tag{7.3}$$

と表される ((6.17),(6.27) 式参照)．

7.2 剛体の回転運動

剛体が回転軸に固定されて回転する場合は，質点系の回転の運動方程式 (6.27) 式をもっと簡単な (7.3) 式に書き換えることができる．

図 7.1 のように，z 軸を固定軸（回転軸）として体積密度（単位体積あたりの質量）ρ の剛体が角速度 ω で回転する場合を考える．この場合，剛体を無数の微小体積素片の集合と考えれば，すべての体積素片が，z 軸を中心とする z 軸に垂直な xy 平面内を同じ角速度 ω で円運動していることになり，その運動は回転の運動方程式 (7.3) の z 成分によって表される．

いま，z 軸から i 番目の体積素片 $\mathrm{d}V_i$ までの距離を r_i とし，体積素片を質量が $m_i = \rho\,\mathrm{d}V_i$ の質点と考えれば，この質点は r_i に垂直な方向へ $v_i = r_i\omega$ の速さ，すなわち $p_i = m_i v_i = m_i r_i \omega$ の運動量で xy 平面内を回転運動する．したがって，この質点の z 軸のまわりの角運動量は (5.11) 式より

$$l_i = |\boldsymbol{r}_i \times \boldsymbol{p}_i| = r_i p_i \sin\frac{\pi}{2} = m_i r_i^2 \omega$$

となる．剛体の z 軸のまわりの全角運動量 L_z

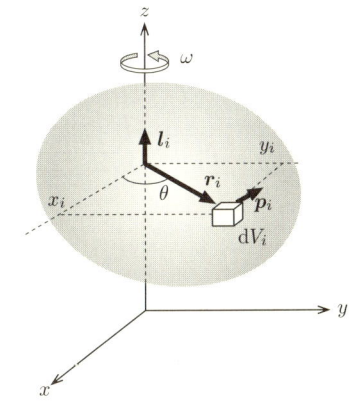

図 7.1 z 軸のまわりの回転運動

は全体積素片の角運動量の和をとればよいので,

$$L_z = \sum l_i = \sum m_i r_i^2 \omega = \omega \sum m_i r_i^2 \tag{7.4}$$

である.ここで,xy 平面内の運動であるから $r^2 = x^2 + y^2$ であり,上式は

$$L_z = \omega \sum \rho \, dV_i \left(x_i^2 + y_i^2\right) \tag{7.5}$$

となる.剛体を連続体と考え,全体積素片の体積を等しくまた十分小さいとし,$dV_i = dV = dx\,dy\,dz$ とすることによって,上式は積分の形で表される.

$$L_z = \omega \int \left(x^2 + y^2\right) \rho \, dV = \omega \iiint \left(x^2 + y^2\right) \rho \, dx\,dy\,dz \tag{7.6}$$

ここで (7.6) 式を

$$L_z = \omega I_z \tag{7.7}$$

と書き,

$$\begin{aligned} I_z &= \int r^2 \, dm \\ &= \iiint \rho \left(x^2 + y^2\right) dx\,dy\,dz \end{aligned} \tag{7.8}$$

をこの剛体の **z 軸のまわりの慣性モーメント**という.また質点系の場合は

$$I_z = \sum r_i^2 m_i \tag{7.9}$$

と表される.

したがって,z 軸のまわりの慣性モーメントを I_z,剛体全体に作用する z 軸のまわりの外力のモーメントの和を N_z とすれば,剛体の回転の運動方程式 (7.3) 式は次のように表される.$\omega = d\theta/dt$ より

$$\frac{d}{dt} L_z = I_z \frac{d\omega}{dt} = I_z \frac{d^2\theta}{dt^2} = N_z \tag{7.10}$$

次に慣性モーメントのもつ意味を考えてみる.(7.10) 式をニュートンの運動方程式 $m\dfrac{d^2r}{dt^2} = F$ と比べてみると,F が一定の場合は,m が大きくなると加速度 $\dfrac{d^2r}{dt^2}$ が小さくなるのに対して,(7.10) 式では,N_z が一定の場合は,I_z が大きくなると角加速度 $\dfrac{d^2\theta}{dt^2}$ が小さくなる.つまり m が動きにくさを表していたのと同じように,I_z は回りにくさを表していることがわかる.したがって,慣性質量(質量)が並進運動の慣性の大きさを表すのと同じように,**慣性モーメントは剛体の回転運動における慣性の大きさを表すものである**.

ただし同じ慣性の性質を表すものであるが,慣性質量と慣性モーメントには

大きな違いがある．つまり，m は物体固有の物理量で，その物体にとってただ 1 つ定まるものであるが，7.2.2 節の例題にあるように，I_z は同一の物体でも回転軸をとる位置と方向に依存して変わり，また質量 m が同じ場合でも，質量が回転軸から遠くに分布する場の I_z の値は大きくなって，物体固有の物理量ではないことである．

以上のように，並進運動と回転運動の間には付録 D の表 D.1 に示すような慣性質量と慣性モーメント，加速度と角加速度，力と力のモーメントの対応関係があることになる．

7.2.1 慣性モーメントに関する定理

複雑な形の剛体の慣性モーメントを求めるときに，次の定理が役に立つ．

> **定理 1　平行軸の定理**
> 　図 7.2 のように，質量が M で重心を通る軸（z' 軸）のまわりの慣性モーメントが I_0 の剛体があるとき，z' 軸に平行で z' 軸から R だけ離れた位置にある軸（z 軸）のまわりの慣性モーメント I は，$I = I_0 + R^2 M$ である．このことを**平行軸の定理**という．

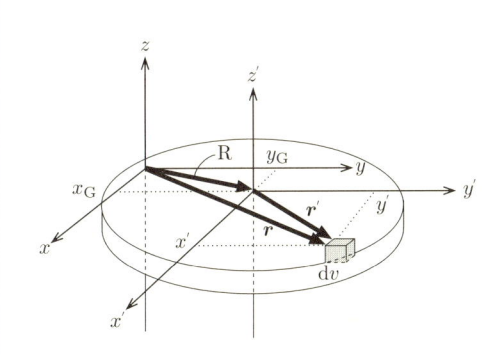

図 7.2　重心から R だけ離れた回転軸（z 軸）のまわりの慣性モーメント

証明　z 軸から重心までの距離を $R(x_G, y_G)$ とする．z 軸から剛体内の微小体積素片 dV までの距離の 2 乗 r^2 は，図より $r^2 = (x_G + x')^2 + (y_G + y')^2$ であるから，z 軸のまわりの慣性モーメント I は次のようになる．

$$I = \int r^2 \, dm = \int r^2 \rho \, dV = \iiint \left[(x_G + x')^2 + (y_G + y')^2 \right] \rho \, dx \, dy \, dz$$

$$= \iiint \left[x_G{}^2 + y_G{}^2 + 2 x_G x' + 2 y_G y' + x'^2 + y'^2 \right] \rho \, dx \, dy \, dz$$

$$= \iiint \left(x_G{}^2 + y_G{}^2\right) \rho \, dx \, dy \, dz + \iiint (2x_G x' + 2y_G y') \rho \, dx \, dy \, dz$$
$$+ \iiint \left(x'^2 + y'^2\right) \rho \, dx \, dy \, dz$$
$$= R^2 \iiint \rho \, dx \, dy \, dz + \iiint \rho \left(x'^2 + y'^2\right) dx \, dy \, dz$$
$$+ 2x_G \iiint x' \rho \, dx \, dy \, dz + 2y_G \iiint y' \rho \, dx \, dy \, dz \tag{7.11}$$

第1項の積分は剛体の全質量 M であり,第2項は重心を通る z' 軸のまわりの慣性モーメント I_0 であり,第3,第4項の積分は質点系における (6.19) 式 $\sum m_i \boldsymbol{r}'_i = 0$ に同等な量であるから 0 である.したがって,次式の関係が得られる.

$$I = I_0 + R^2 M \tag{7.12}$$

重心を通る軸のまわりの慣性モーメントがわかれば,その軸に平行で R だけ離れた軸のまわりの慣性モーメントがこの定理から求まる.

定理 2　極めて薄い平板の定理

図 7.3 のように,極めて薄い一様な板の面に沿って x, y 軸を,面に垂直に z 軸をとる.直交する x, y, z 軸のまわりの慣性モーメントを I_x, I_y, I_z とすると,次の<u>平板の定理</u>が成り立つ.

$$I_z = I_x + I_y \tag{7.13}$$

証明　板は極めて薄く厚さは無視できるものとする.また,x, y 平面内の微小面積素片を $dS = dx \, dy$ とすれば,その質量は $dm = \sigma \, dS$ (σ: 面密度) である.原点 O から微小面積素片までの距離を r とすると

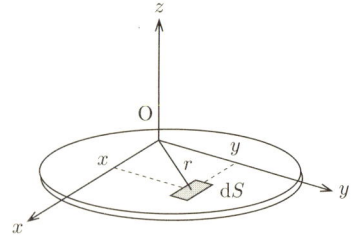

図 7.3　極めて薄い板の慣性モーメント

$$I_z = \int r^2 \sigma \, dS = \int (x^2 + y^2) \sigma \, dS = \int x^2 \sigma \, dS + \int y^2 \sigma \, dS \tag{7.14}$$

また，
$$I_x = \int y^2 \sigma \, dS, \qquad I_y = \int x^2 \sigma \, dS \tag{7.15}$$
であるから，(7.13)式が成り立つ．この定理は極めて薄い厚さの無視できる板についてのみ成立する（例題 7.7 参照）．

7.2.2 基本的な形をした剛体の慣性モーメント
いくつかの基本的な形の剛体について，慣性モーメントを求めておこう．
(1) 一様で極めて細いまっすぐな棒

例題 7.1. 質量 M，長さ L の一様な細い棒の中心（重心）を通り，棒に垂直な回転軸のまわりの慣性モーメントを求める．

図 7.4 のように x 軸および z 軸をとる．棒の線密度 η（単位長さあたりの質量）は M/L で，z 軸から x の位置にある長さ dx の微小部分の質量は $dm = \eta \, dx$ であるから，この微小部分の慣性モーメントは $dI = r^2 \, dm = x^2 \eta \, dx$ である．棒の

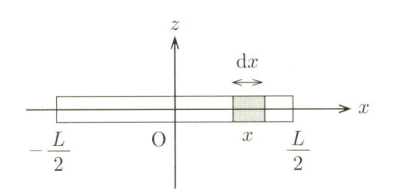

図 7.4 棒の中心のまわりの慣性モーメント

慣性モーメント I は，dI を x について $-L/2$ から $L/2$ までの範囲を積分して求められる

$$I = \int dI = \int_{-L/2}^{L/2} x^2 \eta \, dx = \eta \int_{-L/2}^{L/2} x^2 \, dx = \frac{M}{L} \left[\frac{x^3}{3} \right]_{-L/2}^{L/2} = \frac{ML^2}{12} \tag{7.16}$$

例題 7.2. 質量 M，長さ L の一様な細い棒の一端（図の左端）から d のところを通り，棒に垂直な軸のまわりの慣性モーメントを求める．

図 7.5 のように棒に沿って x 軸をとり, 左端から距離 d の点で x 軸に垂直に z 軸をとる. z 軸から x の位置にある長さ dx の微小部分の慣性モーメント dI は, 前例題と同様に $dI = x^2 \eta\, dx$ である. 棒の慣性モーメント I は, dI を x について $-d$ から $L-d$ までの範囲を積分して求められる.

$$I = \int_{-d}^{L-d} x^2 \eta\, dx = \frac{M}{3L}\left[\frac{x^3}{3}\right]_{-d}^{L-d} = \frac{M}{3}\left(L^2 - 3Ld + 3d^2\right) \quad (7.17)$$

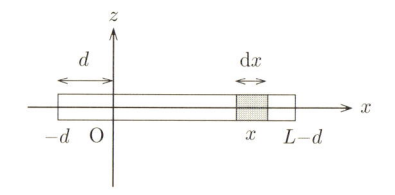

図 7.5 中心からずれた回転軸のまわりの慣性モーメント

別解 ［定理 1 平行軸の定理］を利用する. 左端から d の点は棒の重心から $L/2 - d$ の距離にある. 例題 7.1 において, 重心のまわりの慣性モーメントは $I_0 = ML^2/12$ であったので, 慣性モーメントは (7.12) 式を用いると

$$I = I_0 + R^2 M = \frac{ML^2}{12} + \left(\frac{L}{2} - d\right)^2 M = \frac{M}{3}\left(L^2 - 3Ld + 3d^2\right) \quad (7.18)$$

(2) 一様な極めて薄い長方形板および直方体

例題 7.3. 短辺の長さが a, 長辺の長さが b, 全質量が M の, 一様で極めて薄い長方形の板（薄板）の重心を通り, 短辺に平行な回転軸のまわりの慣性モーメントを求める.

....

図 7.6 のように, 重心を通り短辺に平行に x 軸をとり, 長辺に平行に y 軸をとる. 回転軸は x 軸とする. 面密度 σ（単位面積あたりの質量）は $\sigma = M/ab$ であり, x 軸から y の位置にある微小部分の面積は $dS = dx\, dy$ であるから, その質量は $dm = \sigma\, dS = \sigma\, dx\, dy$ である. この微小質量をもつ部分の x 軸のまわりの慣性モーメント dI_x は, $dI_x = y^2\, dm = y^2 \sigma\, dS = \sigma y^2\, dx\, dy$ であるから, x 軸のまわりの長方形の板の慣性モーメント I_x はこの dI_x を長方形の全面積につい

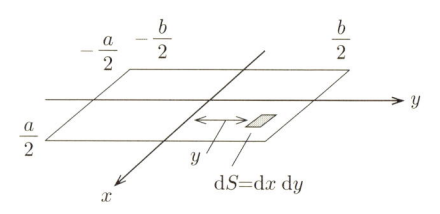

図 7.6 長方形の薄板の慣性モーメント

て積分して求められる．x の積分範囲は $-a/2$ から $a/2$，y の積分範囲は $-b/2$ から $b/2$ である．

$$I_x = \int dI_x = \sigma \iint y^2\, dx\, dy = \frac{M}{ab} \int_{-a/2}^{a/2} dx \int_{-b/2}^{b/2} y^2\, dy$$

$$= \frac{M}{ab} [x]_{-a/2}^{a/2} \left[\frac{y^3}{3}\right]_{-b/2}^{b/2} = \frac{M}{ab} a \frac{b^3}{12} = \frac{Mb^2}{12} \quad (7.19)$$

別解 薄い長方形の板を x 軸方向につぶせば，線密度 $\eta = M/b$，長さ b の y 軸に平行な細い棒となる．したがって，(7.16) 式と同様な計算によって，

$$I_x = \int_{-b/2}^{b/2} y^2 \eta\, dy = \frac{M}{b} \int_{-b/2}^{b/2} y^2\, dy = \frac{Mb^2}{12} \quad (7.20)$$

が得られる．

例題 7.4. 一様な長方形の薄板の重心を通り，板面に垂直な回転軸のまわりの慣性モーメントを求める．ただし，長辺の長さは b，短辺の長さは a，全質量は M であるとする．

....

図 7.7 のように，薄板の中心（重心）から板に垂直に立てた回転軸を z 軸，中心から短辺と長辺に平行に x 軸と y 軸を描く．この薄板の面密度 σ（単位面積あたりの質量）は $\sigma = M/ab$ であり，微小部分の面積は $dS = dx\, dy$ であるから，その質量は $dm = \sigma\, dx\, dy$ と表される．z 軸から dS までの距離は $r = \sqrt{x^2 + y^2}$ と表されるので，微小部分の z 軸まわりの慣性モーメント dI_z は $dI_z = r^2\, dm = r^2 \sigma\, dS = \sigma(x^2 + y^2)\, dx\, dy$ となる．薄板の z 軸まわりの慣性モーメント I_z は dI_z を全面にわたって積分して得られる．

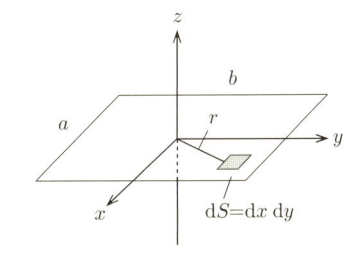

図 7.7 長方形の薄板に垂直な軸のまわりの慣性モーメント

$$I_z = \int dI_z = \iint \sigma\, (x^2 + y^2)\, dx\, dy$$

$$= \sigma \int_{-b/2}^{b/2} \left[\int_{-a/2}^{a/2} (x^2 + y^2)\, dx\right] dy = \sigma \int_{-b/2}^{b/2} \left[\frac{x^3}{3} + y^2 x\right]_{-a/2}^{a/2} dy$$

$$= \sigma \int_{-b/2}^{b/2} \left(\frac{a^3}{12} + y^2 a \right) dy = \sigma \left[\frac{a^3 y}{12} + \frac{y^3 a}{3} \right]_{-b/2}^{b/2}$$

$$= \sigma \left(\frac{a^3 b}{12} + \frac{b^3 a}{12} \right) = ab\sigma \left(\frac{a^2}{12} + \frac{b^2}{12} \right) = \frac{M(a^2 + b^2)}{12} \qquad (7.21)$$

別解 ［定理 2 平板の定理］を利用する．薄板の場合は，x 軸および y 軸のまわりの慣性モーメント I_x および I_y を先に計算し，それらの和として z 軸のまわりの慣性モーメント I_z を求めることができる．

I_y の求め方は，例題 7.3 の I_x の場合とまったく同じであり，$I_y = \dfrac{Ma^2}{12}$ となる．$I_x = \dfrac{Mb^2}{12}$ であるから，

$$I_z = I_x + I_y = \frac{Mb^2}{12} + \frac{Ma^2}{12} = \frac{M(b^2 + a^2)}{12} \qquad (7.22)$$

例題 7.5. 各辺の長さが a, b, c で質量 M の一様な直方体（厚さのある長方形板）の中心を通り各辺と平行な軸のまわりの慣性モーメントを求める．

図 7.8 のように直方体の中心を通り各辺 a, b, c に平行に x, y, z 軸をとる．体積密度 ρ（単位体積あたりの質量）は $\rho = M/abc$ であり，微小部分の体積は $dV = dx\,dy\,dz$ であるから，その質量は $dm = \rho\,dV = \rho\,dx\,dy\,dz$ である．x 軸から r の位置にある微小部分の x 軸のまわりの慣性モーメントは $dI_x = r^2\,dm = (y^2 + z^2)\rho\,dx\,dy\,dx$ と表されるので，I_x は以下のように求められる．

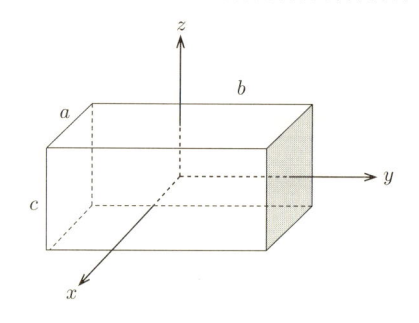

図 7.8 直方体の中心を通る軸のまわりの慣性モーメント

$$I_x = \iiint \rho(y^2 + z^2)\,dx\,dy\,dz$$

$$= \rho \int_{-a/2}^{a/2} dx \int_{-c/2}^{c/2} \int_{-b/2}^{b/2} (y^2 + z^2)\,dy\,dz$$

$$= \rho\,[x]_{-a/2}^{a/2}\left(\int_{-c/2}^{c/2}\int_{-b/2}^{b/2} y^2\,\mathrm{d}y\,\mathrm{d}z + \int_{-c/2}^{c/2}\int_{-b/2}^{b/2} z^2\,\mathrm{d}y\,\mathrm{d}z\right)$$

$$= \rho a\left(c\int_{-b/2}^{b/2} y^2\,\mathrm{d}y + b\int_{-c/2}^{c/2} z^2\,\mathrm{d}z\right) = \frac{M}{abc}a\left(\frac{cb^3 + bc^3}{12}\right)$$

$$= \frac{M(b^2+c^2)}{12} \tag{7.23}$$

別解 この直方体を x 軸方向に圧縮し，回転軸に垂直な薄い板と見れば，例題 7.4 の (7.21) 式と同じ問題となる．ただし，この場合は $\sigma = M/bc$ である．I_y, I_z も同様にして求まり，

$$I_y = M\frac{a^2+c^2}{12}, \qquad I_z = M\frac{a^2+b^2}{12} \tag{7.24}$$

となる．

注意 有限な厚さのある板では極めて薄い板のときとは異なり，$I_z \neq I_x + I_y$ となって，平板の定理は成立しないことに注目．

(3) 一様な極めて細い円環と薄い円板，円柱

例題 7.6. 半径 R，質量 M の一様な細い円環（リング）の中心を通り，円環に垂直な軸のまわりの慣性モーメントならびに円環の直径の軸のまわりの慣性モーメントを求める．

図 7.9 のように z 軸をとると，円環上のすべての点は z 軸から R の等距離にある．線密度 η は $\eta = M/2\pi R$ であるから，円環上の長さ $\mathrm{d}s = R\,\mathrm{d}\phi$ の微小円弧の質量は $\mathrm{d}m = \eta R\,\mathrm{d}\phi$ である．したがって，微小円弧の慣性モーメントは $\mathrm{d}I_z = r^2\,\mathrm{d}m = R^2 \eta R\,\mathrm{d}\phi$ となり，円環の z 軸のまわりの慣性モーメント I_z は，

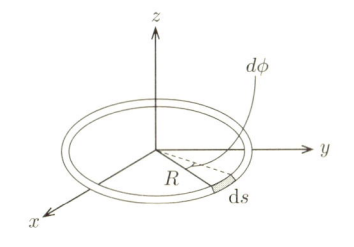

図 7.9 極めて細い円環（リング）

それを ϕ について 0 から 2π まで積分して求められる.

$$I_z = \int_0^{2\pi} R^2 \eta R \, d\phi = \frac{MR^3}{2\pi R} \int_0^{2\pi} d\phi = MR^2 \tag{7.25}$$

x 軸, y 軸のまわりの慣性モーメントは, 円環の対称性から $I_x = I_y$ である. また極めて細い円環であるから [定理 2　平板の定理] より, $I_z = 2I_x = 2I_y$, したがって,

$$I_x = I_y = M\frac{R^2}{2} \tag{7.26}$$

例題 7.7. 半径 R, 質量 M の一様な薄い円板の中心を通り, 円板に垂直な z 軸のまわり, ならびに円板面内の x, y 軸（直径の軸）のまわりの慣性モーメントを求める.

図 7.10 のように x, y, z 軸をとる. 円板を無数の同心円環に分割し, その中から図のような半径 r, 微小な幅 dr の円環（リング）を考える. 円環の面積は $dS = 2\pi r \, dr$, 面密度は $\sigma = M/\pi R^2$ であるから, この円環の質量は $dm = \sigma \, dS = 2\pi r \, dr M/\pi R^2$ である. したがって, この微小な幅の円環の z 軸のまわりの慣性

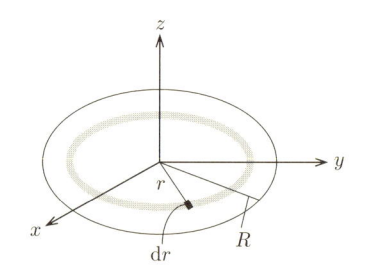

図 7.10　極めて薄い円板

モーメント dI_z は, (7.25)式より, $dI_z = r^2 dm = 2\pi r^3 \, dr M/\pi R^2$ である. したがって, 円板の z 軸のまわりの慣性モーメント I_z は, dI_z を r について 0 から R まで積分すれば得られる.

$$I_z = \int_0^R \frac{2\pi r^3 M}{\pi R^2} dr = \frac{2M}{R^2} \int_0^R r^3 \, dr = M\frac{R^2}{2} \tag{7.27}$$

また, 薄い円板であるから $I_z = I_x + I_y$ および $I_x = I_y$ であり,

$$I_x = I_y = \frac{I_z}{2} = M\frac{R^2}{4} \tag{7.28}$$

例題 7.8. 図 7.11 のように，高さ h，半径 R，質量 M の一様な円柱の中心を原点として，円柱の中心軸を z 軸にとり，その軸に垂直に x, y 軸をとる．この場合の z 軸および x, y 軸のまわりの慣性モーメントを求める．

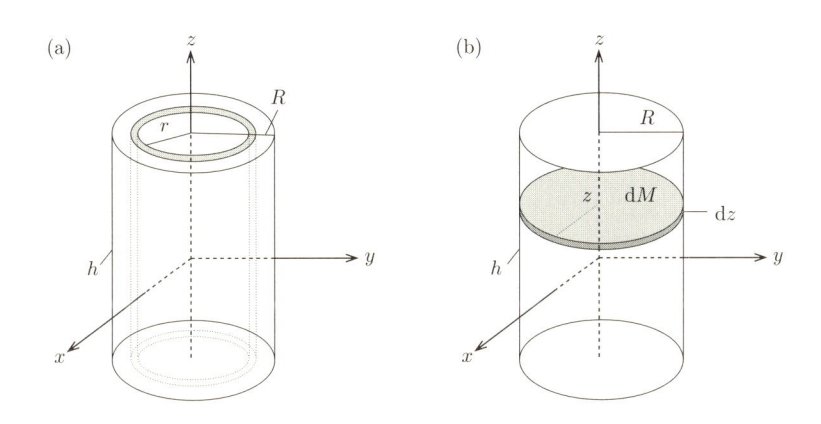

図 7.11 円柱

z 軸のまわりの慣性モーメントを求める場合は，図 7.11(a) のように円柱を無数の同心円管（チューブ）に分割し，その中の半径 r，高さ h，幅 dr の円管を考える．円管の体積は $dV = 2\pi r h\, dr$ で，体積密度は $\rho = M/\pi R^2 h$ であるから，この円管の質量は $dm = \rho\, dV = 2\pi r\, dr M/\pi R^2$ である．この円管のすべての部分は z 軸から r の位置にあるので，z 軸のまわりの慣性モーメントも $dI_z = 2\pi r^3\, dr M/\pi R^2$ と，上述した円板の場合とまったく同じになる．したがって，円柱の z 軸のまわりの慣性モーメント I_z は，(7.27) 式と同様に r について 0 から R まで積分して，次のように求まる．

$$I_z = M\frac{R^2}{2} \tag{7.29}$$

x 軸および y 軸のまわりの慣性モーメントを求める場合は，図 7.11(b) のように，円柱を xy 平面に平行で厚さが dz の薄い円板の集まりと考える．その中の x 軸から z の距離にある 1 つの円板に注目すれば，その体積は $dV = \pi R^2\, dz$ で体積密度は $\rho = M/\pi R^2 h$ であるから，その質量は $dm = \rho \pi R^2\, dz$ であり，円板の重心を通り x 軸に平行な軸のまわりの慣性モーメントは (7.28) 式より

$\dfrac{R^2}{4}\,\mathrm{d}m$ である．したがって，この薄い円板の x 軸のまわりの慣性モーメントは，平行軸の定理から $\mathrm{d}I_x = \dfrac{R^2}{4}\,\mathrm{d}m + z^2\,\mathrm{d}m = \rho\pi R^2\left(\dfrac{R^2}{4}+z^2\right)\mathrm{d}z$ である．これを z について $-h/2$ から $h/2$ まで積分すれば，

$$\begin{aligned}
I_x &= \rho\pi R^2 \int_{-h/2}^{h/2}\left(\dfrac{R^2}{4}+z^2\right)\mathrm{d}z \\
&= \rho\pi R^2 \left[\dfrac{R^2}{4}z + \dfrac{z^3}{3}\right]_{-h/2}^{h/2} \\
&= \left(\dfrac{R^2}{4}+\dfrac{h^2}{12}\right)M \quad\quad\quad (7.30)
\end{aligned}$$

となる．また，円柱の対称性から $I_x = I_y$ である．

例題 7.9. 質量 M，半径 R の球の中心を通る回転軸のまわりの慣性モーメントを求める．

図 7.12 のように，回転軸を z 軸とする．次に，z 軸に垂直に球を $\mathrm{d}z$ の厚さで輪切りにし，沢山の円板にしたとする．そして，その中の中心から z と $z+\mathrm{d}z$ の間にある微小厚さ $\mathrm{d}z$ の円板について考える．この円板の半径 R' は $R' = \sqrt{R^2-z^2}$ であり，体積密度は $\rho = \dfrac{3M}{4\pi R^3}$ であるので，円板の質量 M' は $M' = \rho\pi\left(R^2-z^2\right)\mathrm{d}z$ である．円板の z 軸のまわりの慣性モーメントは (7.27) 式で $M'R'^2/2$ と求められており，この式に上記の半径と質量を代入することにより，この微小厚さ $\mathrm{d}z$ の円板の慣性モーメントは，$\mathrm{d}I_z = \dfrac{\rho\pi}{2}\left(R^2-z^2\right)^2\mathrm{d}z$ と表される．球の慣性モーメントは全円板の慣性モーメン

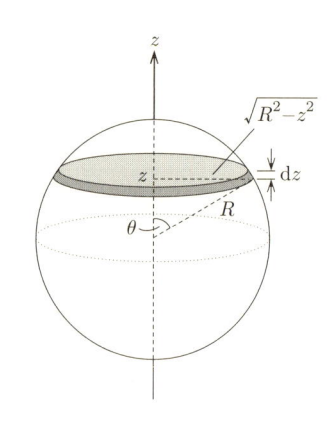

図 7.12 半径 R の球

トの和である．つまり，dI_z を z について $-R$ から R まで積分すれば求まる．

$$I_z = \int dI_z = \frac{\rho\pi}{2}\int_{-R}^{R}\left(R^2-z^2\right)^2 dz = \frac{\rho\pi}{2}\int_{-R}^{R}\left(R^4-2R^2z^2+z^4\right)dz$$

$$= \frac{\rho\pi}{2}\left[R^4z - \frac{2}{3}R^2z^3 + \frac{1}{5}z^5\right]_{-R}^{R} = \frac{\rho\pi}{2}\frac{16R^5}{15} = \frac{4\rho\pi R^3}{3}\frac{2}{5}R^2$$

$$= \frac{2}{5}MR^2 \tag{7.31}$$

別解 図 7.13 に示すような 3 次元極座標を利用する．付録の (B.39) 式のように，3 次元空間の r と $r+dr$，θ と $\theta+d\theta$，ϕ と $\phi+d\phi$ の間にある微小体積は，$dV = r^2\sin\theta\, d\theta\, d\phi\, dr$ と表される．図 7.13 のように回転軸を z 軸とし，球の体積密度 ρ を $\rho = \dfrac{3M}{4\pi R^3}$ とおけば，微小体積の質量 dm は $dm = \rho\, dV$ であり，z 軸からの距離は $r\sin\theta$ であるから，

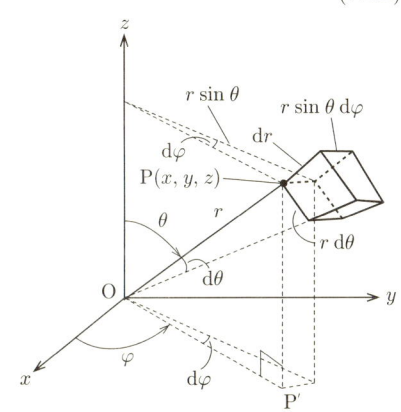

図 **7.13** 3 次元極座標による微小体積の表示

$$I_z = \int (r\sin\theta)^2\, dm$$

$$= \iiint (r\sin\theta)^2\, \rho\, \left(r^2\sin\theta\, d\theta\, d\phi\, dr\right)$$

$$= \rho\int_0^R r^4\, dr \int_0^\pi \sin^3\theta\, d\theta \int_0^{2\pi} d\phi$$

$$= \rho\left[\frac{r^5}{5}\right]_0^R [\phi]_0^{2\pi} \int_0^\pi (1-\cos^2\theta)\sin\theta\, d\theta$$

$$= \rho\frac{R^5}{5}2\pi\left[-\cos\theta + \frac{\cos^3\theta}{3}\right]_0^\pi$$

$$= \frac{2}{5}MR^2 \tag{7.32}$$

7.3 いろいろな剛体の運動

慣性モーメントの求め方がわかったところで，いろいろな剛体の運動に関する問題を解いてみよう．解法は質点の場合と同じで，運動方程式を書いて，それを解くことである．ただし，一般の剛体の運動では，並進運動と回転運動に対する運動方程式 (7.2),(7.3) を解く必要がある．以下に，条件によって簡単な運動となる例題を示す．

7.3.1 固定した回転軸のまわりの剛体の運動

最初に，固定された回転軸につながれて運動する剛体について考える．この場合は，剛体の並進運動は起こらない．したがって，剛体の運動としては，回転軸のまわりの回転運動のみを考えればよい．

例題 7.10. 図 7.14 のように，長さ L，質量 M の均一な棒が，回転軸である z 軸に垂直となるように一端を固定され，角度 $\theta = 0$ の位置に静止している．そして棒には z 軸のまわりに一定の力のモーメント $\boldsymbol{N}$ が作用している．時刻 $t = 0$ において，この棒を静かに放すものとして，t 秒後の角速度 $\omega(t)$ と回転角 $\theta(t)$ を求める．

運動方程式を書くために，まず棒の z 軸のまわりの慣性モーメント I_z を求める．慣性モーメント I_z の計算は，例題 7.2 において，$d = 0$ とした場合と同じである．棒の線密度は $\dfrac{M}{L}$ であるから，$I_z = \displaystyle\int_0^L \dfrac{M}{L} x^2 \, dx = \dfrac{1}{3} M L^2$ である．

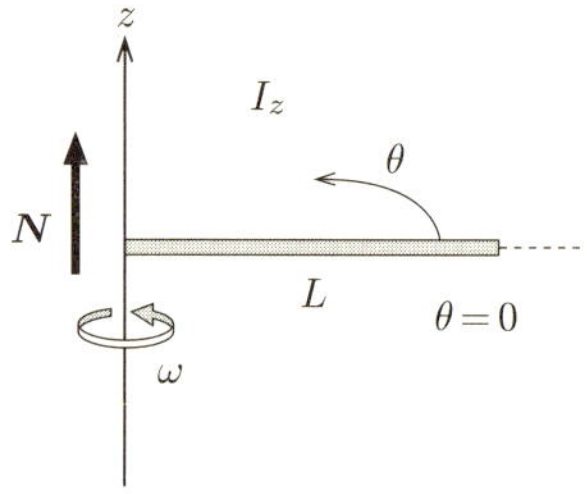

図 **7.14** 棒の回転運動

次に $\omega(t)$ を求める．回転の運動方程式は (7.10) 式であるから $I_z \dfrac{d\omega}{dt} = N$．よって，$\dfrac{d\omega}{dt} = \dfrac{N}{I_z}$ より，

$$\omega(t) = \int \frac{N}{I_z} dt = \frac{N}{I_z} t + C \tag{7.33}$$

$t=0$ で棒は静止していたので $C=\omega(0)=0$ である．この条件より，
$$\omega(t) = \frac{N}{I_z}t = \frac{3N}{ML^2}t$$
となる．回転角 $\theta(t)$ は，$\dfrac{\mathrm{d}\theta}{\mathrm{d}t}=\omega$ の関係から，$\omega(t)$ を積分して得られる．
$$\theta(t) = \int \omega \, \mathrm{d}t = \int \frac{3N}{ML^2}t \, \mathrm{d}t = \frac{3N}{2ML^2}t^2 + C \tag{7.34}$$
初期条件より，$t=0$ で $C=0$ である．
$$\therefore \quad \theta(t) = \frac{3N}{2ML^2}t^2$$

例題 7.11. 図 7.15 のように，固定した水平軸 O（紙面に垂直）のまわりに回転する質量 M，O のまわりの慣性モーメント I の**剛体振り子**について考える．O と重心 G との間の距離を L とする．OG が鉛直線となす角を θ とし，右に振れているときの角を正とする．また θ が十分小さいので $\sin\theta \approx \theta$ であるとして，次のことを考える．

(1) 剛体振り子の運動方程式を書く．
(2) 運動方程式の一般解が，$\theta = A\sin\left(\sqrt{\dfrac{MgL}{I}}\,t + \alpha\right)$ と書くことができることを示す．ここで A, α は定数である．
(3) $t=0$ に，重心 G が鉛直線を $\dfrac{\mathrm{d}\theta}{\mathrm{d}t}=B$ の速さで横切るとして $\theta(t)$ を求める．

....

図のような状態 ($\theta>0$) では，力のモーメントは大きさが $MgL\sin\theta$ であり，OG が点 O を中心として右回転をするように働くので負の値をもつ．したがって，回転運動の運動方程式は $I\dfrac{\mathrm{d}^2\theta}{\mathrm{d}t^2} = -MgL\sin\theta$ である．また，$\sin\theta \approx \theta$ なので
$$\frac{\mathrm{d}^2\theta}{\mathrm{d}t^2} = -\frac{MgL}{I}\theta \tag{7.35}$$

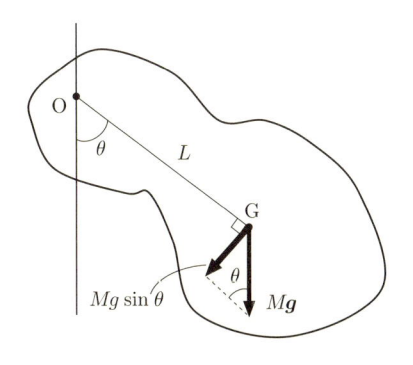

図 7.15 剛体振り子

ここで $\omega^2 = \dfrac{MgL}{I}$ とおけば，運動方程式は

$$\frac{\mathrm{d}^2\theta}{\mathrm{d}t^2} = -\omega^2 \theta \tag{7.36}$$

となる．この式は単振動の運動方程式であるから，解は $\theta = A\sin(\omega t + \alpha)$ の形をしており，ω の値を代入すれば，

$$\theta = A\sin\left(\sqrt{\frac{MgL}{I}}t + \alpha\right) \tag{7.37}$$

となる．この式が (7.35) 式の一般解であることを示している．

別解として，(7.36) の運動方程式に，証明しようとする θ の式を代入し，等号が成り立つことを示してもよい．

次に，運動条件をみたすように A, α の値を決めて $\theta(t)$ を求める．(7.37) 式を微分すれば，

$\dfrac{\mathrm{d}\theta}{\mathrm{d}t} = \sqrt{\dfrac{MgL}{I}} A\cos\left(\sqrt{\dfrac{MgL}{I}}t + \alpha\right)$ が得られる．題意より，初期条件は $t=0$ のとき $\dfrac{\mathrm{d}\theta}{\mathrm{d}t} = B$ であるから，これを代入すれば，

$$B = \sqrt{\frac{MgL}{I}} A\cos\alpha \tag{7.38}$$

また，$t=0$ のとき重心 G が鉛直線を横切ることから，もう 1 つの初期条件は，$t=0$ のとき $\theta = 0$ である．ゆえに (7.37) 式は $0 = A\sin\alpha$ となり，$\alpha = 0$．これを (7.38) 式に代入すれば，$A = B\Big/\sqrt{\dfrac{MgL}{I}}$．したがって，(7.37) 式より

$$\theta(t) = \frac{B}{\sqrt{\dfrac{MgL}{I}}} \sin\sqrt{\frac{MgL}{I}}\,t \tag{7.39}$$

例題 7.12. 図 7.16 のように，半径 R，質量 M の均一な円盤の滑車があり，それに巻きつけた糸に質量 m のおもりが吊るされて静止している．このおもりを時刻 $t=0$ で静かに落下させるものとし，糸の摩擦や質量を無視して，以下の値を求める．

(a) 落下している間のおもりの加速度 α．

(b) 落下している間の糸の張力 T.

(c) t 秒後のおもりの速度 v.

....

(a) 加速度 α は鉛直下向きを正とする．定滑車の慣性モーメントは $I = MR^2/2$ である．定滑車の角速度を ω, 糸の張力を T とすれば，定滑車とおもりの運動方程式は次のように表される．

$$I\frac{d\omega}{dt} = RT \qquad (7.40)$$

$$m\alpha = mg - T \qquad (7.41)$$

この 2 式には ω, α, T の 3 個の未知数が含まれているので，連立方程式として解くためには，もう 1 つの条件式が必要である．それは，質点の落下速度は滑車の周速度に等しいという条件，$v = R\omega$ である．両辺を t で微分して $\alpha = \dfrac{dv}{dt} = R\dfrac{d\omega}{dt}$, よって $\dfrac{d\omega}{dt} = \dfrac{\alpha}{R}$. これを (7.40) 式に代入して T を求める．

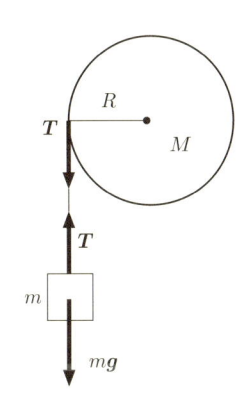

図 **7.16** おもりと滑車の運動

$$T = \frac{I}{R}\frac{\alpha}{R} = \frac{MR^2}{2}\frac{\alpha}{R^2} = \frac{M\alpha}{2} \qquad (7.42)$$

これを (7.41) 式に代入すると $m\alpha = mg - \dfrac{M\alpha}{2}$ であるから，

$$\alpha = \frac{2m}{M+2m}g \qquad (7.43)$$

(b) (7.43) 式を (7.42) 式に代入して

$$T = \frac{Mm}{M+2m}g \qquad (7.44)$$

(c) (7.43) 式を積分すると，$v = \displaystyle\int \alpha\, dt = \int \frac{2m}{M+2m}g\, dt = \frac{2m}{M+2m}gt + C$, $t = 0$ では $v = 0$ であるので $C = 0$. よって，$v = \dfrac{2m}{M+2m}gt$.

7.3.2 剛体の平面運動

剛体の回転軸がある 1 つの平面に垂直で，重心がその平面内を運動するとき，このような運動を **剛体の平面運動** という．この場合は，重心の並進運動と重心

のまわりの回転運動を考慮しなければならない．

例題 7.13. 水平面と α の角をなす斜面を，質量 M，半径 R の一様な球が，滑らずに転がり落ちる場合について，球の重心のまわりの角速度を ω とし，斜面に沿って左下方を x 軸の正の向きに選んで以下の問題を考える．

(a) 静止摩擦力を F，球の中心 O を通る回転軸のまわりの慣性モーメントを I とし，それらを用いて，x 方向の並進運動の運動方程式と，重心のまわりの回転の運動方程式を書く．

(b) α と重力の加速度 g を用いて，x 方向の重心の加速度 $\dfrac{d^2x}{dt^2}$ を表す．

(c) 転がり始める時刻を $t=0$ とし，前問 (b) で求めた加速度の式を積分して，重心の速さ V を求める．

....

図 7.17 のように，球の中心 O を通る鉛直線と斜面との交点を a，水平面との交点を b とする．また，斜面と水平面の交点を c，球と斜面の接点を d とする．△abc と △adO において，∠abc＝∠adO＝(直角)，また ∠cab＝∠Oad であるから，∠acb＝∠aOd＝α である．ゆえに，重力 Mg の x 方向（斜面に平行）成分は $Mg\sin\alpha$ である．

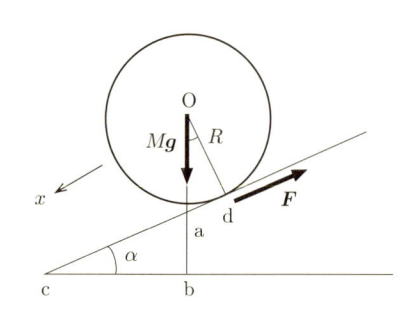

図 7.17 斜面を転がり落ちる球

重心のまわりの回転運動に関する力のモーメントは，摩擦力による RF のみで，重力は重心に作用するので力のモーメントにならない．これらの条件より，

(a) x 方向の並進運動の運動方程式は
$$M\frac{\mathrm{d}^2x}{\mathrm{d}t^2} = Mg\sin\alpha - F \qquad (7.45)$$
重心のまわりの回転の運動方程式は
$$I\frac{\mathrm{d}\omega}{\mathrm{d}t} = RF \qquad (7.46)$$

(b) 転がり落ちる球の重心の速度は $V=R\omega$ であるから，両辺を微分すれば，
$$\frac{\mathrm{d}^2x}{\mathrm{d}t^2} = \frac{\mathrm{d}V}{\mathrm{d}t} = R\frac{\mathrm{d}\omega}{\mathrm{d}t}, \qquad \therefore\ \frac{\mathrm{d}\omega}{\mathrm{d}t} = \frac{1}{R}\frac{\mathrm{d}^2x}{\mathrm{d}t^2}$$

の関係が得られる．これを (7.46) 式に代入すれば，$F = \dfrac{I}{R^2}\dfrac{\mathrm{d}^2 x}{\mathrm{d}t^2}$ であり，さらに，これを (7.45) 式に代入すれば，$\left(M + \dfrac{I}{R^2}\right)\dfrac{\mathrm{d}^2 x}{\mathrm{d}t^2} = Mg\sin\alpha$ となる．この式に球の慣性モーメント $I = \dfrac{2}{5}MR^2$ を代入すれば，次式が得られる．

$$\frac{\mathrm{d}^2 x}{\mathrm{d}t^2} = \frac{5}{7}g\sin\alpha \tag{7.47}$$

(c) 重心の速度は $V(t) = \displaystyle\int \frac{5}{7}g\sin\alpha\,\mathrm{d}t = \left(\frac{5}{7}g\sin\alpha\right)t + C$．初期条件より $V(0) = 0$ であるから $C = 0$．

$$\therefore\quad V(t) = \left(\frac{5}{7}g\sin\alpha\right)t \tag{7.48}$$

7.3.3　固定点のある剛体の運動

　固定点のある剛体の運動として，対称軸上に固定点のあるこまの運動を考える．一般のこまの運動は難解であるが，線対称をもつ形をした対称こまが，対称軸を回転軸として十分大きな角速度で回転しており，これに比べて歳差運動（固定点を通る鉛直線のまわりの回転軸の回転）の角速度が小さい場合の運動は比較的簡単である．

例題 7.14. 線対称の形をした対称こまが，対称軸を回転軸として大きな角速度 ω で回転しており，下端 O を固定された回転軸が，鉛直線に対して θ の角度を保ちながら，鉛直線のまわりをゆっくりした角速度 Ω で回っている．ここで，こまの質量を M，固定点 O からこまの重心 G までの距離を h，対称軸のまわりの慣性モーメントを I として，歳差運動の角速度 Ω を求める．

　固定点 O に関する運動方程式は $\dfrac{\mathrm{d}\boldsymbol{L}}{\mathrm{d}t} = \boldsymbol{N}$ である．これより

$$\mathrm{d}\boldsymbol{L} = \boldsymbol{N}\,\mathrm{d}t \tag{7.49}$$

である．図 7.18 より，重力がこまを倒そうとする力のモーメントは，$N = h\sin\theta Mg$ であるから，

$$\mathrm{d}L = h\sin\theta Mg\,\mathrm{d}t \tag{7.50}$$

一方，図より，
$$dL = L\sin\theta\, d\phi = L\sin\theta\frac{d\phi}{dt}dt$$
$$= L\sin\theta\, \Omega\, dt$$

この式の L は，Ω による成分も含んでいるが，$\omega \gg \Omega$ の関係から $L = I\omega$ としてよい．

$$dL = I\omega\sin\theta\, \Omega\, dt \qquad (7.51)$$

したがって (7.49),(7.50),(7.51) 式より，

$$dL = h\sin\theta Mg\, dt = I\omega\sin\theta\, \Omega\, dt$$

$$\therefore\ \Omega = \frac{Mgh}{I\omega} \qquad (7.52)$$

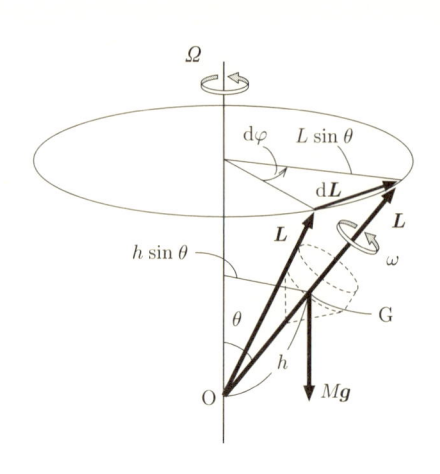

図 **7.18**　対称こまの歳差運動

7.4　剛体のつり合い

剛体がつり合いの状態にあるということは，並進運動も回転運動もしないということであるから，式に書けば $\frac{d^2\boldsymbol{R}}{dt^2} = 0$ および $\frac{d\boldsymbol{L}}{dt} = 0$ である．したがって，剛体が静止している条件（つり合いの条件）は，運動方程式から

$$\sum_i \boldsymbol{F}_i = 0 \qquad (7.53)$$

$$\sum_i \boldsymbol{N}_i = 0 \qquad (7.54)$$

すなわち，外力および外力のモーメントの総和が 0 となっていることである．

例題 7.15. 図 7.19 のように質量 M，長さ L の一様な棒が壁に立てかけてある．床と棒の間の静止摩擦係数は μ_1，壁と棒の間の静止摩擦係数は μ_2 であるとして，以下の問題を考える．

(a) 棒に働くすべての力を図に描いて示す．
(b) 力のつり合いの式を書く．

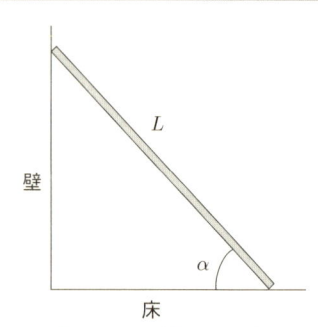

図 **7.19**　剛体のつり合い

(c) α を小さくしていくとき,棒が倒れる寸前の角度 α_S と μ_1, μ_2 との関係を求める.

(a) 図 7.20 に示すように,棒に働いている力は,棒と床との摩擦力 $\boldsymbol{F}_1$,棒と壁との摩擦力 $\boldsymbol{F}_2$,床の抗力 $\boldsymbol{N}_1$,壁の抗力 $\boldsymbol{N}_2$,棒の重力 $M\boldsymbol{g}$ である.

(b) つり合いの条件は,外力の和が 0 であるということ,

水平方向:$N_2 - F_1 = 0$

鉛直方向:$N_1 + F_2 - Mg = 0$ (7.55)

および力のモーメントの和が 0 であるということである.たとえば棒の上端のまわりの力のモーメントは,

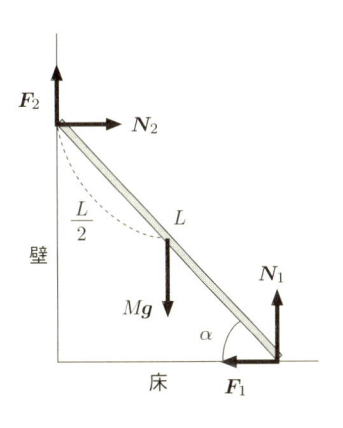

図 7.20 棒に働く力

$$N_1 L \cos\alpha - F_1 L \sin\alpha - Mg\frac{L}{2}\cos\alpha = 0 \tag{7.56}$$

(c) α_S では $F_1 = \mu_1 N_1$ および $F_2 = \mu_2 N_2$ である.(7.55) 式に代入して,

$$N_2 = F_1 = \mu_1 N_1, \quad N_1 + N_2\mu_2 - Mg = N_1 + \mu_1\mu_2 N_1 - Mg = 0$$

$$\therefore N_1 = \frac{Mg}{1+\mu_1\mu_2}, \quad N_2 = F_1 = \frac{\mu_1 Mg}{1+\mu_1\mu_2}$$

を得る.N_1 と F_1 を (7.56) 式に代入し,α を α_S とする.

$$\frac{Mg}{1+\mu_1\mu_2}L\cos\alpha_S - \frac{\mu_1 Mg}{1+\mu_1\mu_2}L\sin\alpha_S - \frac{Mg}{2}L\cos\alpha_S = 0$$

$$2\cos\alpha_S - 2\mu_1\sin\alpha_S - (1+\mu_1\mu_2)\cos\alpha_S = 0$$

$$-2\mu_1\sin\alpha_S + (1-\mu_1\mu_2)\cos\alpha_S = 0$$

$$\therefore \quad \tan\alpha_S = \frac{1-\mu_1\mu_2}{2\mu_1} \tag{7.57}$$

7.5 剛体の運動エネルギー

第6.5節で述べたように,質点系の運動エネルギー K は,原点に対する重心(質量の中心)の速度を V, 重心に対する i 番目の質点の速度を v'_i とすれば,

$$K = \frac{1}{2}MV^2 + \sum \frac{1}{2}m_i v'^2_i \tag{7.58}$$

であった.

剛体の場合は,重心から質点までの距離は時間的に変わらないので,第2項の運動エネルギーには並進運動のエネルギーは含まれず,回転運動のエネルギーのみである.また,重心のまわりの角速度 ω が全質点について同じであることから,回転運動のエネルギーはもっと簡単に表される.

重心を通る回転軸から測った i 番目の質点の位置ベクトルを $\boldsymbol{r}'_i$ とすれば,$v'_i = r'_i \omega$ であることから,重心のまわりの回転運動のエネルギーは,

$$\sum \frac{1}{2}m_i v'^2_i = \frac{1}{2} \sum m_i r'^2_i \omega^2 = \frac{1}{2} I_z \omega^2 \tag{7.59}$$

となる.ここで $I_z = \sum m_i r'^2_i$ は重心を通る回転軸のまわりの慣性モーメントである.したがって,並進運動と回転運動を加えた**剛体の全運動エネルギー**は,

$$K = \frac{1}{2}MV^2 + \frac{1}{2}I_z \omega^2 \tag{7.60}$$

と表される.

一方,剛体が固定軸または固定点をもつ場合,その剛体の運動エネルギーには並進運動のエネルギーがなく,**回転運動のエネルギー**のみであるから,

$$K = \frac{1}{2} I \omega^2 \tag{7.61}$$

である.この式は,回転軸が重心を通らない場合にも成り立つが,その場合の慣性モーメントは (7.12) 式の関係 $I = I_z + R^2 M$ を用いて計算する.

例題 7.16. 図 7.21 のように,半径 R, 質量 M の球が,高さ $3h$ の位置より斜面を落下し,高さ h の位置より水平方向に飛び出すときの速さに関して,以下の問題を考える.

(a) 斜面と球の間に摩擦がなく,球が回転せずに滑り落ちて飛び出すときの速さ v を求める.

(b) 球が斜面を滑らずに転がり落ちて飛び出すときの速さ v_R の, v に対する倍

率を求める.

2問とも力学的エネルギー保存の法則を用いる.

(a) 落下する前および飛び出すときの力学的エネルギーは, $3hMg$ および $\frac{1}{2}Mv^2+hMg$ であるから, $3hMg = \frac{1}{2}Mv^2 + hMg$.
ゆえに, $v = \sqrt{4gh} = 2\sqrt{gh}$.

(b) 球の重心のまわりの慣性モーメントは $I = \dfrac{2MR^2}{5}$ であり, 平面を転がって飛び出す場合は, 重心の速度と周速度は等しいので $v_R = R\omega$ である. したがって, 回転運動のエネルギーは

$$\frac{1}{2}I\omega^2 = \frac{1}{2}\frac{2MR^2}{5}\omega^2 = \frac{1}{5}Mv_R^2$$

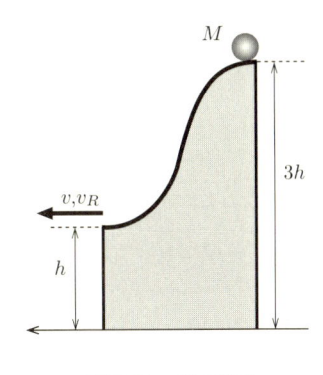

図 7.21 球の落下

である. 飛び出すときの力学的エネルギーは, 並進の運動エネルギー $\frac{1}{2}Mv_R{}^2$, 回転の運動エネルギー $\frac{1}{2}I\omega^2$ および位置エネルギー hMg の和であるから, 保存則より,

$$3hMg = \frac{1}{2}Mv_R{}^2 + \frac{1}{2}I\omega^2 + hMg$$
$$= \frac{1}{2}Mv_R{}^2 + \frac{1}{5}Mv_R{}^2 + hMg$$
$$2hMg = \frac{7}{10}Mv_R{}^2$$
$$\therefore\quad v_R = \sqrt{\frac{20gh}{7}} = 2\sqrt{\frac{5gh}{7}}$$

よって, 速さの比は $\dfrac{v_R}{v} = \sqrt{\dfrac{5}{7}}$.

答え $\sqrt{\dfrac{5}{7}}$ 倍.

付録A
ベクトル

A.1 ベクトル表示

　力学では，単位とこれを用いて測った数値で完全に表される量がある．たとえば，長さは何メートル，時間は何秒，質量は何キログラムといえば，その量は明らかに決まる．このように数値（大きさ）と単位だけで表される量を**スカラー**（スカラー量）という．一方，方向・向きをもった量もある．これらを表すためには，単位と数値の他に必ずその方向・向きも示さなけ

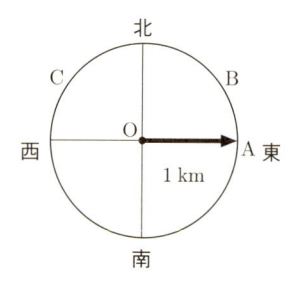

図 A.1　変位ベクトル

ればならない．たとえば，図 A.1 に示すように，ある人が地点 O から 1 km 移動したといっても，O を中心とする円周上のどこ (A, B, C, ⋯) に移動したのかわからない．しかし，O から東方へ 1 km 離れたところに移動したといえば，A に移動したということがはっきりと決まる．同様に，物体の移動（力学では変位という）は大きさと方向・向きという3つの要素でその内容を完全に述べることができる（方向・向きを合わせて方向という場合もある）．このように大きさと方向・向きで表される量を**ベクトル**（ベクトル量）という．

　通常，ベクトルは太文字を用いて $A, B, C, \cdots$ あるいは矢印を付けて $\vec{A}, \vec{B}, \vec{C}, \cdots$ のように表す．

　図 A.2 のように，ベクトルは任意の点 P から点 Q に向けての**有向線分**として，1つの矢で表すことができる．矢の先端はベクトルの向きを表し，**矢の長さ**

はある単位で測った**数値**を表す．点 P を ベクトルの**始点**，点 Q を**終点**という．図 A.2 のように，点 P′ から点 Q′ へ，点 P″ から点 Q″ へ向くベクトルが P から Q へのベクトルと同じ大きさと方向・向きをもっているとき，それらのベクトルは等しいという．ベクトルを平行移動して P′，P″ を P に重ねれば，それらのベクトルは完全に重なる．そのうちの任意の1つがベクトル $\boldsymbol{A}$ を代表しているとみなして，$\boldsymbol{A} = \overrightarrow{PQ}$ と書き表す．このように1つのベクトル $\boldsymbol{A}$ を表す有向線分（**自由ベクトル**という）はたくさんあるが，与えられた特定の点を始点とするベクトルは唯一つ（**束縛ベクトル**という）である．また，P = Q のときにも $\overrightarrow{PQ}$ を有向線分と考えて，これが表すベクトル（長さ = 0）を**ゼロベクトル**といい，$\overrightarrow{0}$ あるいは，$\boldsymbol{0}$ で表す．ベクトル $\boldsymbol{A}$ の大きさ（長さ）は A または $|\boldsymbol{A}|$（絶対値）で表す．

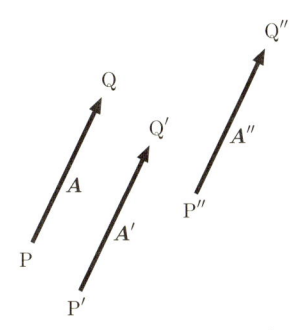

図 A.2　ベクトルの相等 $\boldsymbol{A} = \boldsymbol{A}' = \boldsymbol{A}''$

図 A.3 に示すような，ベクトル $\boldsymbol{A}$ と同じ方向と向きをもつ単位長さ（長さが 1）のベクトルを $\boldsymbol{e}_A$ と書き，ベクトル $\boldsymbol{A}$ 方向の**単位ベクトル**と呼ぶ．それによって，$\boldsymbol{A}$ は次のように表される．

$$\boldsymbol{A} = A\boldsymbol{e}_A \qquad (A.1)$$

右辺は $\boldsymbol{e}_A$ 方向を向いた長さ A のベクトルということを意味する．したがって，$\boldsymbol{e}_A = \dfrac{\boldsymbol{A}}{A}$ であることがわかる．

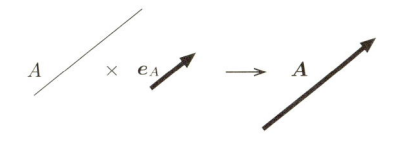

図 A.3　単位ベクトルを用いた表示 $A \cdot \boldsymbol{e}_A = \boldsymbol{A}$

> **問 A.1.** ベクトル $\boldsymbol{r}$ と同じ方向を向く大きさ A のベクトル $\boldsymbol{A}(\boldsymbol{r})$ は，$\boldsymbol{r}$ を用いてどのように表すことができるか．

解　$\boldsymbol{A}(\boldsymbol{r})$ 方向の単位ベクトルを $\boldsymbol{e}_r$ とすれば，同じ方向のベクトル $\boldsymbol{r}$ を用いて，$\boldsymbol{e}_r = \boldsymbol{r}/r$ と表すことができる．(A.1) 式から，$\boldsymbol{A}(\boldsymbol{r})$ は大きさ A と単位ベクトル $\boldsymbol{e}_r$ を用いて，次のように表すことができる．

$$\boldsymbol{A}(\boldsymbol{r}) = A\boldsymbol{e}_r = A\frac{\boldsymbol{r}}{r}$$

A.2 ベクトルの実数倍

図A.3で，長さ A を k 倍（k は任意の実数［スカラー］）すれば，ベクトル $\boldsymbol{A}$ は長さが kA で $\boldsymbol{e}_A$ 方向を向いたベクトル $kA\boldsymbol{e}_A$ となる．新しいベクトルは，

$$k\boldsymbol{A} = (kA)\boldsymbol{e}_A \tag{A.2}$$

となり，これがベクトル $\boldsymbol{A}$ の実数倍ベクトル $k\boldsymbol{A}$ の定義である．実数 k が $k>0$ の場合に $k\boldsymbol{A}$ は $\boldsymbol{A}$ の方向を，$k<0$ の場合に $k\boldsymbol{A}$ は $\boldsymbol{A}$ と逆方向を向く．また，$-\boldsymbol{A}$ は $\boldsymbol{A}$ の逆ベクトル（大きさが等しく向きが反対）と呼ばれる．

A.3 ベクトルの和

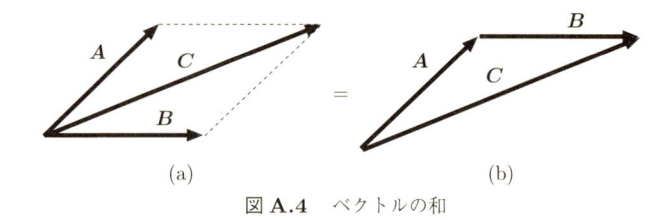

図A.4 ベクトルの和

2つのベクトル $\boldsymbol{A}$，$\boldsymbol{B}$ から，平行四辺形の法則によって得られるベクトル $\boldsymbol{C}$ を $\boldsymbol{A}$ と $\boldsymbol{B}$ の和といい，次のように書く．

$$\boldsymbol{C} = \boldsymbol{A} + \boldsymbol{B} \tag{A.3}$$

つまり，図A.4(a)に示すように $\boldsymbol{A}$ と $\boldsymbol{B}$ を2辺とする平行四辺形の対角線が $\boldsymbol{A}$ と $\boldsymbol{B}$ の和である．したがって，図A.4(b)に示すように $\boldsymbol{A}$ の終点から $\boldsymbol{B}$ を引くとき，$\boldsymbol{A}$ の始点から $\boldsymbol{B}$ の終点に向かって引かれたベクトルが $\boldsymbol{A}+\boldsymbol{B}$ を表す．

A.4 ベクトルの差

ベクトル $\boldsymbol{A}$ と $\boldsymbol{B}$ の差 $\boldsymbol{C}'$ は $\boldsymbol{A}$ と $-\boldsymbol{B}$ の和と考えれば，A.3節の和の場合と同じように求められる．

(a) 図A.5 ベクトルの差 (b)

$$\boldsymbol{C}' = \boldsymbol{A} - \boldsymbol{B} = \boldsymbol{A} + (-\boldsymbol{B}) \tag{A.4}$$

差の幾何学的表示も，図A.5(a),(b)のように表される．

A.5　ベクトル和の解析的計算

図 A.6 のように角度 $\alpha, \beta, \gamma, \theta$ をとると，ベクトル $\boldsymbol{A}, \boldsymbol{B}, \boldsymbol{C}$ がつくる三角形の各辺の長さ（大きさ）の間には，次の**余弦定理**と**正弦定理**が成り立つ．

$$C^2 = A^2 + B^2 - 2AB\cos\gamma$$
$$= A^2 + B^2 + 2AB\cos\theta \quad (A.5)$$
$$\frac{A}{\sin\alpha} = \frac{B}{\sin\beta} = \frac{C}{\sin\gamma} \quad (A.6)$$

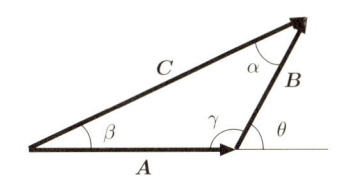

図 **A.6**　余弦定理と正弦定理の説明図

A.6　ベクトルの成分表示

これまではベクトルを幾何学的に扱ってきたが，力学で扱うベクトル量（位置，速度，加速度など）について数量的議論をするには，解析的表示，つまり座標系を用いた表示が便利である．座標系としてはいろいろな座標系が用いられる．簡単のために，最初に2次元直交座標系を用いて説明する．

図 A.7 のように直交軸 Ox, Oy をとる．各座標軸方向の正向きの単位ベクトルを $\boldsymbol{i}, \boldsymbol{j}$ で表し，それらを**基本ベクトル**という．すべての2次元ベクトルは，それぞれスカラー倍された2つの基本ベクトルの和（基本ベクトルの1次結合）として表される．図において，ベクトル $\boldsymbol{A}$ は x 軸と θ の角をなしているとし，その始点および終点を頂点として x, y 軸に平行な辺をもつ長方形をつくれば，$\boldsymbol{A}$ はベクトル $\boldsymbol{A}_x, \boldsymbol{A}_y$ の和 $\boldsymbol{A} = \boldsymbol{A}_x + \boldsymbol{A}_y$ で表される．ここで，

$$\boldsymbol{A}_x = A_x\boldsymbol{i}, \quad \boldsymbol{A}_y = A_y\boldsymbol{j} \quad (A.7)$$

である（$\boldsymbol{A}_x$ は x 方向のみの，$\boldsymbol{A}_y$ は y 方向のみのベクトルであることに注意）．

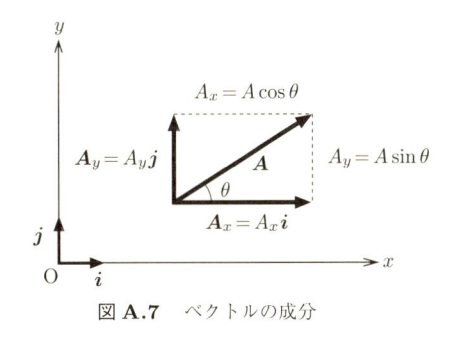

図 **A.7**　ベクトルの成分

ただし，ここで A_x は $|\boldsymbol{A}_x|$（長さ）に正負の符号を付けたもので，A_x が x 軸の正の向きを向くときは A_x を正にとり，負の向きを向くときは負とする．

A_y についても同様である．その大きさは，ベクトル A の長さを $A = |A|$ として，$A_x = A\cos\theta, A_y = A\sin\theta$ である．このようにして A は，基本ベクトルの 1 次結合として，

$$A = A_x i + A_y j \tag{A.8}$$

と表される．A_x, A_y をそれぞれ x 軸，y 軸に関する A の成分，または簡単に A の x 成分，y 成分という．A の x, y 成分が A_x, A_y であるとき，これを

$$A = (A_x, A_y) \tag{A.9}$$

と表し，ベクトル A の成分表示という．ベクトル A の成分 A_x, A_y が与えられれば，A の大きさは，

$$A = |A| = \sqrt{A_x{}^2 + A_y{}^2} \tag{A.10}$$

で与えられる．(A.8) 式と (A.9) 式の表記は，ともにベクトルの表記として使われている．(A.8) 式は計算の場合に見とおしがよく便利であるため，物理の本ではこれが主として使われる．成分によってベクトルを指定する場合，特に空間上の点を示す位置ベクトルの場合には (A.9) 式が使われる．基本ベクトルの成分表示は $i = (1, 0), j = (0, 1)$ である．

A.7 ベクトルの相等と和，差

2 つのベクトル A と B の成分を $(A_x, A_y), (B_x, B_y)$ とすれば，

$$A = B \quad \text{ならば}, \quad A_x = B_x, \quad A_y = B_y \tag{A.11}$$

$$A = 0 \quad \text{ならば}, \quad A_x = 0, \quad A_y = 0 \tag{A.12}$$

である．ベクトルの和と差は以下のようになる．

$$\begin{aligned} A + B &= (A_x i + A_y j) + (B_x i + B_y j) \\ &= (A_x + B_x) i + (A_y + B_y) j \end{aligned} \tag{A.13}$$

$$\begin{aligned} A - B &= (A_x i + A_y j) - (B_x i + B_y j) \\ &= (A_x - B_x) i + (A_y - B_y) j \end{aligned} \tag{A.14}$$

問 A.2. $A = 5i + 10j = (5, 10)$, $B = 3i + 7j = (3, 7)$ のとき $A + B$, $A - B$ を求めよ．

解 $A + B = (5i + 10j) + (3i + 7j) = (5 + 3)i + (10 + 7)j = 8i + 17j$

あるいは，$\boldsymbol{A} + \boldsymbol{B} = (5, 10) + (3, 7) = (5 + 3, 10 + 7) = (8, 17)$
$\boldsymbol{A} - \boldsymbol{B} = (5\boldsymbol{i} + 10\boldsymbol{j}) - (3\boldsymbol{i} + 7\boldsymbol{j}) = (5 - 3)\boldsymbol{i} + (10 - 7)\boldsymbol{j} = 2\boldsymbol{i} + 3\boldsymbol{j}$
あるいは，$\boldsymbol{A} - \boldsymbol{B} = (5, 10) - (3, 7) = (5 - 3, 10 - 7) = (2, 3)$

A.8 　位置ベクトルと変位ベクトル

ベクトルの始点が座標軸の原点 O にあるとき，そのベクトルを**位置ベクトル**という．図 A.8 のベクトル $\boldsymbol{r}_1, \boldsymbol{r}_2, \boldsymbol{r}_3, \boldsymbol{r}_4, \boldsymbol{r}$ は，それぞれ位置 1, 2, 3, 4, P を指定する位置ベクトルである．位置 1, 2, 3, 4, P に対応して，それぞれ，ただ 1 つずつしか存在ない．一方，位置 1 から 2，2 から 3，3 から 4 への移動（変位）を表す**変位ベクトル** $\boldsymbol{r}_{12}, \boldsymbol{r}_{23}, \boldsymbol{r}_{34}$ は，それぞれ，

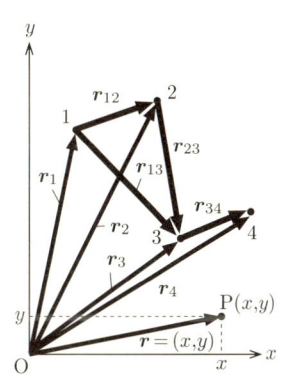

図 **A.8**　位置ベクトルと変位ベクトル

$$\boldsymbol{r}_{12} = \boldsymbol{r}_2 - \boldsymbol{r}_1, \quad \boldsymbol{r}_{23} = \boldsymbol{r}_3 - \boldsymbol{r}_2, \quad \boldsymbol{r}_{34} = \boldsymbol{r}_4 - \boldsymbol{r}_3 \tag{A.15}$$

で定義されるベクトルである．

図 A.8 では，$\boldsymbol{r}_{12} = \boldsymbol{r}_{34}$ （方向・向きと大きさが等しい）となるように描いてある．このように変位ベクトルは等しいものをいくつでも空間に描くことができるベクトルである．位置 1 から 3 への変位ベクトル $\boldsymbol{r}_{13}$ は，1 から 2，2 から 3 への変位ベクトル $\boldsymbol{r}_{12}$ と $\boldsymbol{r}_{23}$ の和であることを示している．

$$\boldsymbol{r}_{13} = \boldsymbol{r}_{12} + \boldsymbol{r}_{23} \tag{A.16}$$

xy 平面上の点 P の座標が (x, y) であるとき，点 P の位置ベクトル $\boldsymbol{r}$ の成分は，$r_x = x, r_y = y$ であり，

$$\boldsymbol{r} = x\boldsymbol{i} + y\boldsymbol{j} = (x, y) \tag{A.17}$$

と表される．すなわち，点 P の座標と位置ベクトルの成分表示は一致する．位置ベクトル $\boldsymbol{r}$ の大きさ r は次式で与えられる．

$$\boldsymbol{r} = r = \sqrt{x^2 + y^2} \tag{A.18}$$

変位ベクトル $\boldsymbol{r}_{12}$ および大きさ r_{12} は，次式で表される．

$$\boldsymbol{r}_{12} = (x_2 - x_1)\boldsymbol{i} + (y_2 - y_1)\boldsymbol{j} \tag{A.19}$$

$$r_{12} = \sqrt{(x_2 - x_1)^2 + (y_2 - y_1)^2} \tag{A.20}$$

第 1 章では，時間間隔 Δt において，位置ベクトルが $\boldsymbol{r_1}$ から $\boldsymbol{r_2}$ に変わるときの変位ベクトル $\boldsymbol{r}_{12}$ を $\Delta \boldsymbol{r}$ と表している．

$$\Delta \boldsymbol{r} = \boldsymbol{r}_2 - \boldsymbol{r}_1 = \Delta x \boldsymbol{i} + \Delta y \boldsymbol{j} \tag{A.21}$$

ここで，$\Delta x = x_2 - x_1, \Delta y = y_2 - y_1$ である．

A.9　3 次元空間のベクトル

3 次元のベクトルを表現する方法は，2 次元の場合と基本的には同じである．そのためには，図 A.9 のように，x 軸，y 軸に加え，それらに直交する z 軸を導入すればよい．$\boldsymbol{k}$ は z 軸方向の基本ベクトルである．

　z 軸のとり方は，x 軸を y 軸に重ねるように回すとき，x 軸の原点で xy 平面に垂直に固定された右ねじの進む方向を z 軸の正方向とする．3 次元空間の任意の位置にあるベクトル $\boldsymbol{A}$ は，2 次元のときと同様に，成分 A_x, A_y, A_z と基本ベクトルを用いて，次のように表される．

$$\boldsymbol{A} = A_x \boldsymbol{i} + A_y \boldsymbol{j} + A_z \boldsymbol{k} = (A_x, A_y, A_z) \tag{A.22}$$

3 次元空間の点 $\mathrm{P}(x, y, z)$ を表す位置ベクトル $\boldsymbol{r}$ の成分表示は (x, y, z) であり，座標に等しい．$\boldsymbol{r}$ を成分と基本ベクトルで表せば，

$$\boldsymbol{r} = x\boldsymbol{i} + y\boldsymbol{j} + z\boldsymbol{k} \tag{A.23}$$

であり，その大きさは，

$$r = \sqrt{x^2 + y^2 + z^2} \tag{A.24}$$

である．

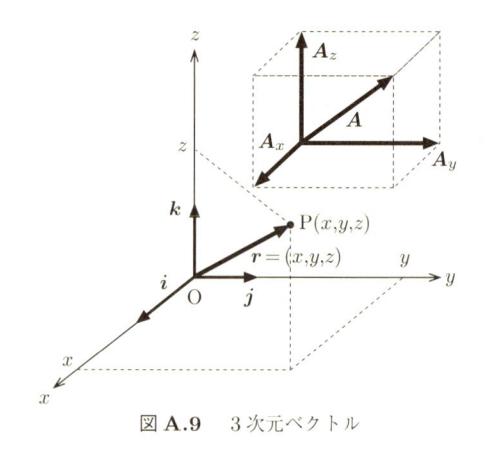

図 **A.9**　3 次元ベクトル

A.10　ベクトルの積

ベクトルには，ベクトル同士の積がスカラーとなる**内積（スカラー積）**とベクトルとなる**外積（ベクトル積）**の2種類の積が定義されている．これらの積は力学だけでなく物理学のいろいろな分野で使われており，重要なベクトル演算の1つである．

A.10.1　ベクトルの内積（スカラー積）

2つのベクトル $\boldsymbol{A}$ と $\boldsymbol{B}$ の内積は，$\boldsymbol{A}\cdot\boldsymbol{B}$ と書いて次のように定義される．

$$\boldsymbol{A}\cdot\boldsymbol{B} = AB\cos\theta \tag{A.25}$$

ここで θ はベクトル $\boldsymbol{A}$ と $\boldsymbol{B}$ のなす角である．これを幾何学的に見れば，図 A.10 に示すように，$\boldsymbol{B}$ の $\boldsymbol{A}$ 上への正射影ベクトルと $\boldsymbol{A}$ の内積である．したがって，$\boldsymbol{A}$ と $\boldsymbol{B}$ が平行であれば θ は 0 であり，$\boldsymbol{A}\cdot\boldsymbol{B} = AB$ である．また，$\boldsymbol{A}$ と $\boldsymbol{B}$ が直交すれば $\boldsymbol{A}\cdot\boldsymbol{B} = 0$ であり，この関係はベクトルの直交性を証明する条件として重要である．

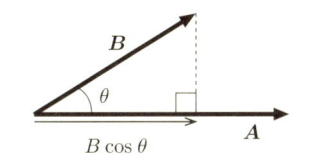

図 A.10　ベクトルの内積（スカラー積）

直交座標系の基本ベクトル $\boldsymbol{i}, \boldsymbol{j}, \boldsymbol{k}$ は，互いに直交する長さが1のベクトルであるから，基本ベクトル間の内積は，(A.25) より $\boldsymbol{i}\cdot\boldsymbol{i} = \cos 0 = 1$，$\boldsymbol{i}\cdot\boldsymbol{j} = \cos 90° = 0$．ゆえに

$$\boldsymbol{i}\cdot\boldsymbol{i} = \boldsymbol{j}\cdot\boldsymbol{j} = \boldsymbol{k}\cdot\boldsymbol{k} = 1$$

$$\boldsymbol{i}\cdot\boldsymbol{j} = \boldsymbol{j}\cdot\boldsymbol{i} = \boldsymbol{j}\cdot\boldsymbol{k} = \boldsymbol{k}\cdot\boldsymbol{j} = \boldsymbol{k}\cdot\boldsymbol{i} = \boldsymbol{i}\cdot\boldsymbol{k} = 0 \tag{A.26}$$

となる．

(A.26) 式の関係から，2次元ベクトルの内積（スカラー積）$\boldsymbol{A}\cdot\boldsymbol{B}$ は次のように表される．

$$\begin{aligned}
\boldsymbol{A}\cdot\boldsymbol{B} &= (A_x\boldsymbol{i} + A_y\boldsymbol{j})\cdot(B_x\boldsymbol{i} + B_y\boldsymbol{j}) \\
&= A_xB_x\boldsymbol{i}\cdot\boldsymbol{i} + A_xB_y\boldsymbol{i}\cdot\boldsymbol{j} + A_yB_x\boldsymbol{j}\cdot\boldsymbol{i} + A_yB_y\boldsymbol{j}\cdot\boldsymbol{j} \\
&= A_xB_x + A_yB_y
\end{aligned} \tag{A.27}$$

3次元ベクトルの内積も，2次元ベクトルと同様な計算から求まる．

$$\boldsymbol{A}\cdot\boldsymbol{B} = AB\cos\theta = A_xB_x + A_yB_y + A_zB_z \tag{A.28}$$

内積には次の交換則,分配則が成り立つ.

$$\boldsymbol{A}\cdot\boldsymbol{B}=\boldsymbol{B}\cdot\boldsymbol{A} \tag{A.29}$$

$$\boldsymbol{C}\cdot(\boldsymbol{A}+\boldsymbol{B})=\boldsymbol{C}\cdot\boldsymbol{A}+\boldsymbol{C}\cdot\boldsymbol{B} \tag{A.30}$$

A.10.2 ベクトルの外積(ベクトル積)

2つのベクトル $\boldsymbol{A}$ と $\boldsymbol{B}$ の積が新たなベクトルになるとき,この積を**外積**(ベクトル積)といい,$\boldsymbol{A}\times\boldsymbol{B}$ と書く.

ベクトル積は次のように定義される.図A.11のように,ベクトル $\boldsymbol{A},\boldsymbol{B}$ は xy 平面上にあり,ベクトル $\boldsymbol{A}$ と $\boldsymbol{B}$ のなす角を θ とするとき,

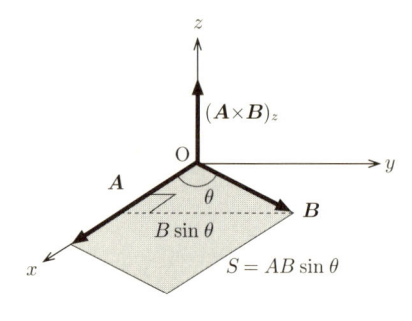

図A.11 ベクトルの外積(ベクトル積)

(1) 大きさは $\boldsymbol{A}$ と $\boldsymbol{B}$ が張る平行四辺形の面積 S に等しい.

$$|\boldsymbol{A}\times\boldsymbol{B}|=AB\sin\theta \tag{A.31}$$

(2) 方向は $\boldsymbol{A},\boldsymbol{B}$ の両方に垂直,すなわち,$\boldsymbol{A}$ と $\boldsymbol{B}$ の定める平面に垂直で,図A.11の場合は z 軸方向である.

(3) 向きは $\boldsymbol{A}$ を $\boldsymbol{B}$ に重ねるように右ねじを回すときのねじが進む向きで,図A.11の場合は $+z$ 軸の向きである.

2つのベクトルが平行な場合は,$\sin 0=0$ なので,

$$\boldsymbol{A}\times\boldsymbol{A}=0 \tag{A.32}$$

である.また,向きに関しては,$\boldsymbol{A}\times\boldsymbol{B}=-\boldsymbol{B}\times\boldsymbol{A}$ である.したがって,基本ベクトル $\boldsymbol{i},\boldsymbol{j},\boldsymbol{k}$ は互いに直交するので,次の関係が成り立つ.

$$\boldsymbol{i}\times\boldsymbol{i}=\boldsymbol{j}\times\boldsymbol{j}=\boldsymbol{k}\times\boldsymbol{k}=0$$

$$\boldsymbol{i}\times\boldsymbol{j}=-\boldsymbol{j}\times\boldsymbol{i}=\boldsymbol{k},\quad \boldsymbol{j}\times\boldsymbol{k}=-\boldsymbol{k}\times\boldsymbol{j}=\boldsymbol{i},\quad \boldsymbol{k}\times\boldsymbol{i}=-\boldsymbol{i}\times\boldsymbol{k}=\boldsymbol{j} \tag{A.33}$$

内積の (A.26) 式と比較していただきたい.

xy 平面上にあるベクトル $\boldsymbol{A},\boldsymbol{B}$ は $\boldsymbol{A}=A_x\boldsymbol{i}+A_y\boldsymbol{j}$, $\boldsymbol{B}=B_x\boldsymbol{i}+B_y\boldsymbol{j}$ と表

されるので，そのベクトル積は，(A.33) 式の関係から

$$\begin{aligned}
\bm{A} \times \bm{B} &= (A_x \bm{i} + A_y \bm{j}) \times (B_x \bm{i} + B_y \bm{j}) \\
&= A_x B_x \bm{i} \times \bm{i} + A_x B_y \bm{i} \times \bm{j} + A_y B_x \bm{j} \times \bm{i} + A_y B_y \bm{j} \times \bm{j} \\
&= (A_x B_y - A_y B_x) \bm{k}
\end{aligned} \tag{A.34}$$

となる．この式は，$\bm{A} \times \bm{B}$ の z 成分 $(\bm{A} \times \bm{B})_z$ は $A_x B_y - A_y B_x$ であることを示している．yz, zx 平面のベクトルにも，同様の計算をすれば

$$\begin{aligned}
(\bm{A} \times \bm{B})_x &= A_y B_z - A_z B_y \\
(\bm{A} \times \bm{B})_y &= A_z B_x - A_x B_z \\
(\bm{A} \times \bm{B})_z &= A_x B_y - A_y B_x
\end{aligned} \tag{A.35}$$

となる．左辺の添字と右辺初項の添字が，$xyz \to yzx \to zxy$ と循環的に現れていることに気づけば，記憶することは容易である．積の計算は，(A.25), (A.31) 式を用いれば，まぎれることはない．

A.11　ベクトルの三重積

3つのベクトルの積 $\bm{A} \cdot (\bm{B} \times \bm{C})$ をベクトルの（スカラー）三重積という．これは正負の値をとり，大きさ（絶対値）はベクトル $\bm{A}, \bm{B}, \bm{C}$ のつくる平行六面体の体積に等しい．また，次の公式が成り立つ．

$$\bm{A} \cdot (\bm{B} \times \bm{C}) = \bm{B} \cdot (\bm{C} \times \bm{A}) = \bm{C} \cdot (\bm{A} \times \bm{B}) \tag{A.36}$$

A.12　ベクトルの微分

ベクトルが時間 t の関数で $\bm{A}(t)$ と表される場合，ベクトルの微分は，各座標成分の微分をとればよい．

$$\frac{d\bm{A}(t)}{dt} = \frac{dA_x}{dt}\bm{i} + \frac{dA_y}{dt}\bm{j} + \frac{dA_z}{dt}\bm{k} \tag{A.37}$$

また，ベクトルの積の微分は，関数の積の微分の場合と同様である．

$$\frac{d(\bm{A} \cdot \bm{B})}{dt} = \frac{d\bm{A}}{dt} \cdot \bm{B} + \bm{A} \cdot \frac{d\bm{B}}{dt} \tag{A.38}$$

$$\frac{d(\bm{A} \times \bm{B})}{dt} = \frac{d\bm{A}}{dt} \times \bm{B} + \bm{A} \times \frac{d\bm{B}}{dt} \tag{A.39}$$

付録 B
運動と座標

B.1 速度と加速度

速度および加速度の図形的な意味について考えよう．図 B.1 に示した xy 平面上の軌跡 S に沿って，時刻 t_1 から t_2 までの Δt 秒の間に，質点が点 P_1 から P_2 まで動くとき，平均速度 $\Delta r/\Delta t$ は，点 P_1 から P_2 に向かう変位ベクトル Δr と同じ方向・向きをもつベクトルである．一方，$\Delta t \to 0$ の極限における速度 $\boldsymbol{v}(\boldsymbol{t_1})$ は，点 P_1 で軌跡 S に引いた接線上にあり，質点の進む方向・向きと同じ方向・向きをもつベクトルである．[第 1.1.4 節 B　問 1.3 参照]

速度 $\boldsymbol{v}(t)$ と時間 t との関係を図に描けば，平均加速度 $\Delta v/\Delta t$ や加速度 $\mathrm{d}v/\mathrm{d}t$ の大きさが，接線の勾配からわかる．Δt 秒ごとの速度ベクトルの始点を重ねて描けば，終点の矢の先端は 1 つの曲線上にある．この曲線を**速度図**または**ホドグラフ**という．図 B.1 の時刻 t_1, t_2 における速度 $\boldsymbol{v}(t_1), \boldsymbol{v}(t_2)$ を描いた速度図が図 B.2 である．加速度は (1.19) 式より

$$\boldsymbol{a}(t) = \lim_{\Delta t \to 0} \frac{\Delta \boldsymbol{v}}{\Delta t} = \frac{\mathrm{d}\boldsymbol{v}}{\mathrm{d}t} \qquad (\text{B.1})$$

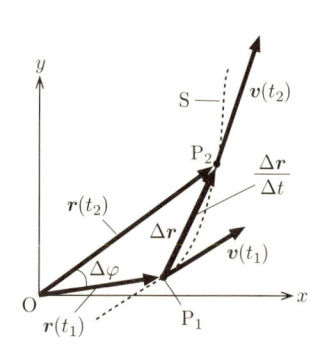

図 **B.1**　速度

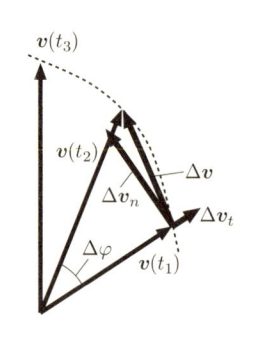

図 **B.2**　速度図（ホドグラフ）

であるから，$\Delta\bm{v}$ と同じ向きであり，$\Delta t \to 0$ の極限では，ホドグラフの接線と同じ方向となる．

速度変化 $\Delta\bm{v}$ を速度 $\bm{v}(t_1)$ に平行な方向の変化 $\Delta\bm{v}_t$ と，垂直な方向の変化 $\Delta\bm{v}_n$ に分けてみると，速度に平行な方向の加速度 $\bm{a}_t$ は，

$$\bm{a}_t = \lim_{\Delta t \to 0} \frac{\Delta\bm{v}_t}{\Delta t} = \frac{\mathrm{d}\bm{v}_t}{\mathrm{d}t} \tag{B.2}$$

であり，速度の大きさを変える加速度であることがわかる．

次に速度に垂直な方向の加速度 $\bm{a}_n$ を求める．図 B.1 および図 B.2 において，$\Delta t \to 0$ の極限では $\Delta\varphi \approx 0$ より，$\bm{v}(t_1) \approx \bm{v}(t_2)$ および $\bm{r}(t_1) \approx \bm{r}(t_2)$，すなわち半径 $r(t_1)$ の等速円運動とみなすことが可能となる．したがって，

$$\Delta v_n = v(t_1)\Delta\varphi + (\text{高次の無限小}) \tag{B.3}$$

$$\Delta r = r(t_1)\Delta\varphi + (\text{高次の無限小}) \tag{B.4}$$

であるから，(B.4) 式から $\Delta\varphi = \dfrac{\Delta r}{r(t_1)}$．これを (B.3) 式に代入すると，$\Delta v_n = \dfrac{v(t_1)}{r(t_1)}\Delta r$ である．$\dfrac{v(t_1)}{r(t_1)}$ は t_1 における値で，定数であるから，

$$a_n(t_1) = \lim_{\Delta t \to 0}\frac{\Delta v_n}{\Delta t} = \frac{v(t_1)}{r(t_1)}\lim_{\Delta t \to 0}\frac{\Delta r}{\Delta t} = \frac{v(t_1)}{r(t_1)}v(t_1) = \frac{v(t_1)^2}{r(t_1)}$$

この結果は任意の時刻においても成り立つので，

$$a_n = \frac{v^2}{r} \tag{B.5}$$

と表すことができる．この場合の r を**回転半径**という．等速円運動の場合は $v = r\omega$ であったので，これを (B.5) 式に代入すれば $a_n = r\omega^2$ となり，速度に直角方向の加速度 a_n は，等速円運動の場合の向心加速度に等しいことがわかる．したがって，速度に直角方向の加速度 $\bm{a}_n$ は，速度の方向を変える働きをする．

次に，単振り子のおもりのように，時刻とともに速度が変わる一般の円運動について調べてみよう．

図 B.3 のように，半径 r の円周上を質点 m が任意の速度で回っているとする．

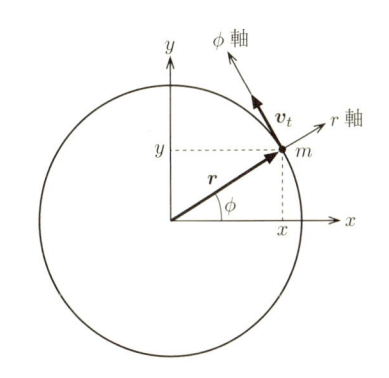

図 **B.3** 　一般の円運動

質点の位置 (x,y) を 2 次元（平面）極座標 (r,ϕ) を用いて書くと，

$$x = r\cos\phi \tag{B.6}$$
$$y = r\sin\phi \tag{B.7}$$

である．いまは円運動であるから r は変化しない（$dr/dt = 0$）ことを考慮すると，速度，加速度の x, y 成分は次のようになる（ただし，$\dfrac{d\phi}{dt} = \dot{\phi}$, $\dfrac{d^2\phi}{dt^2} = \ddot{\phi}$ と書く）．

$$v_x = -\dot{\phi} r \sin\phi \tag{B.8}$$
$$v_y = \dot{\phi} r \cos\phi \tag{B.9}$$
$$a_x = -\ddot{\phi} r \sin\phi - \left(\dot{\phi}\right)^2 r \cos\phi \tag{B.10}$$
$$a_y = \ddot{\phi} r \cos\phi - \left(\dot{\phi}\right)^2 r \sin\phi \tag{B.11}$$

図 B.3 の動径 (r) 方向にとった軸を r 軸，それに直角（接線方向）に取った軸を ϕ 軸と呼ぶ．図から明らかなように，速度，加速度の動径 (r) 方向成分：v_r, a_r と，接線 (t) 方向成分 v_t, a_t は，上で求めた v_x, v_y, a_x, a_y から次のように求まる．

$$\begin{aligned} v_r &= v_x \cos\phi + v_y \sin\phi \\ &= -\dot{\phi} r \sin\phi \cos\phi + \dot{\phi} r \cos\phi \sin\phi \\ &= 0 \end{aligned} \tag{B.12}$$

$$\begin{aligned} v_t &= -v_x \sin\phi + v_y \cos\phi \\ &= \dot{\phi} r \sin\phi \sin\phi + \dot{\phi} r \cos\phi \cos\phi \\ &= \dot{\phi} r (\sin^2\phi + \cos^2\phi) \\ &= \dot{\phi} r \end{aligned} \tag{B.13}$$

$$\begin{aligned} a_r &= a_x \cos\phi + a_y \sin\phi \\ &= \left(-\ddot{\phi} r \sin\phi - (\dot{\phi})^2 r \cos\phi\right)\cos\phi + \left(\ddot{\phi} r \cos\phi - (\dot{\phi})^2 r \sin\phi\right)\sin\phi \\ &= -(\dot{\phi})^2 r \end{aligned} \tag{B.14}$$

$$\begin{aligned} a_t &= -a_x \sin\phi + a_y \cos\phi \\ &= -\left(-\ddot{\phi} r \sin\phi - (\dot{\phi})^2 r \cos\phi\right)\sin\phi + \left(\ddot{\phi} r \cos\phi - (\dot{\phi})^2 r \sin\phi\right)\cos\phi \\ &= \ddot{\phi} r \end{aligned} \tag{B.15}$$

(B.13) 式より $v_t = \dot{\phi}r$, $\quad\therefore\dot{\phi} = v_t/r$ を用いると，(B.14) 式は，

$$a_r = -\frac{v_t^2}{r} \tag{B.16}$$

となる．円運動においては (B.12) 式に見たように，速度の r 方向成分は 0 であり，円周（接線）方向に全成分（絶対値）が向いている．したがって，$v_t = v$ と書いて，

$$a_r = -\frac{v^2}{r} = -(\dot{\phi})^2 r \tag{B.17}$$

となる．この式は，円運動では動径 r 方向と法線 n 方向が一致していることから，(B.5) 式と同じである．

円運動の接線方向の加速度は，接線方向の速度 $v_t = \dot{\phi}r$ を微分して，

$$a_t = \frac{dv_t}{dt} = \ddot{\phi}r \tag{B.18}$$

となる．つまり，(B.15) 式は，(B.2) 式と同じく接線方向の加速度であるが，円運動においては (B.18) 式で表されることになる．第 3.1 節で述べた等速円運動の場合は，角速度が一定であるから，

$$\dot{\phi} = \omega, \quad \ddot{\phi} = 0 \tag{B.19}$$

である．したがって，速度および加速度はそれぞれ

$$v_r = 0, \quad\quad v_t = r\omega \tag{B.20}$$

$$a_r = -r\omega^2, \quad\quad a_t = 0 \tag{B.21}$$

となる．つまり，第 3.1 節の (3.11) 式となる．

注意 (B.18) 式と (B.21) 式の違いに注意せよ．(B.18) 式は第 3.4 節の単振り子で用いた (3.48) 式と同じである．等速円運動の場合と異なる理由は，単振り子も円周上を運動するのであるが，等速運動でないことから，$\ddot{\phi} \neq 0$, $\quad\therefore a_t \neq 0$ となるためである．

B.2　相対運動と慣性力（見かけの力）

第 1.2 節で述べたように，慣性座標系およびそれに対して等速度運動する座標系では，ニュートンの運動の法則（運動方程式）が同じように成り立つが，慣性座標系に対して加速度運動する座標系では，慣性力を導入して運動方程式をつくらねばならない．ここでは，もう少し詳しくそれらのことを説明する．

B.2.1 慣性系に対して等速度運動する座標系

座標系 $(O-x,y,z)$ を慣性座標系とし，もうひとつの座標系 $(O'-x',y',z')$ を慣性座標系に対して x 方向に速度 V_0 の等速度で動いている座標系とする．x 軸と x' 軸は重なっているとし，慣性座標系を基準とした O' の座標を x_0 とする．それぞれの座標系を基準とした 1 つの質点の座標を (x,y,z) と (x',y',z') とすると，図 B.4 に見るように，

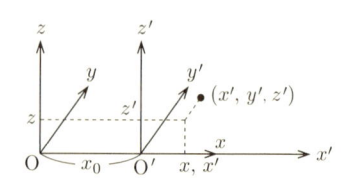

$$x = x' + x_0, \qquad y = y', \qquad z = z' \tag{B.22}$$

図 B.4 ガリレイ変換

となり，両辺を t で 2 回微分すると，

$$\frac{d^2x}{dt^2} = \frac{d^2x'}{dt^2} + \frac{d^2x_0}{dt^2}, \qquad \frac{d^2y}{dt^2} = \frac{d^2y'}{dt^2}, \qquad \frac{d^2z}{dt^2} = \frac{d^2z'}{dt^2} \tag{B.23}$$

となる．ここで，質点の質量を m，それに働いている力を $\boldsymbol{F} = (F_x, F_y, F_z)$ とすると，慣性系 $(O-x,y,z)$ については運動の第 2 法則が成り立つから，

$$m\frac{d^2x}{dt^2} = F_x, \qquad m\frac{d^2y}{dt^2} = F_y, \qquad m\frac{d^2z}{dt^2} = F_z \tag{B.24}$$

である．

これに対して座標系 $(O'-x',y',z')$ では，第 3 法則に基づく相互作用力 $\boldsymbol{F}$ はどの座標からみても同じであることから，(B.23) と (B.24) 式より，

$$m\frac{d^2x'}{dt^2} = F_x - m\frac{d^2x_0}{dt^2}, \qquad m\frac{d^2y'}{dt^2} = F_y, \qquad m\frac{d^2z'}{dt^2} = F_z \tag{B.25}$$

となる．(x',y',z') が慣性系に対して等速度運動する場合は，$x_0 = V_0 t + C$ (V_0, C は定数) と表されるので $\dfrac{d^2 x_0}{dt^2} = 0$ となり，(B.25) 式の x' の項は，

$$m\frac{d^2x'}{dt^2} = F_x \tag{B.26}$$

となる．すなわち座標系 $(O-x,y,z)$ に対して等速度運動をする座標系 $(O'-x',y',z')$ においても，第 2 法則の運動方程式がそのままの形で成り立つ．このことを**ガリレイの相対性原理**という．また (B.22) 式のような座標の変換を**ガリレイ変換**という．したがって，力学の方程式はガリレイ変換に対して不変であるともいう．

慣性系に対して等速度運動をする座標系はやはり慣性系である

B.2.2 慣性系に対して等加速度運動する座標系

$(O'-x',y',z')$ 系が慣性系に対し，x 方向に加速度 a_0 で動いている場合を考える．つまり，(B.25) 式において

$$\frac{d^2 x_0}{dt^2} = a_0 \quad （一定） \tag{B.27}$$

となる場合である．この場合，y, z 方向と y', z' 方向については同形の運動方程式が成り立っている．しかし，x' 方向の運動方程式は，

$$m\frac{d^2 x'}{dt^2} = F_x - ma_0 \tag{B.28}$$

となり，$(O-x, y, z)$ 座標系では右辺が F_x であるのに対して，$(O'-x', y', z')$ 座標系では $F_x - ma_0$ となる．質点に加速度を与える作用を力とすれば，これは非慣性系における力とみなすことができる．$-ma_0$ は質点のもつ慣性に起因するもので**慣性力**と呼ばれる．(B.28) 式が示すように，現実の外力に慣性力を加えることによって，非慣性系における運動がニュートンの運動方程式と同様に扱えることになる．慣性力は**見かけの力**とも呼ばれるが，単なる仮想上の力ではなく，他の力と同じように作用することはすでに第 1.2.5 節で述べた．以上見てきたように，慣性力は 2 つの質点間の相互作用で生じた力ではないために，慣性力を及ぼす他の質点は存在せず，慣性力の反作用の力も存在しない．慣性力は非慣性系でのみ出現する力である．

B.2.3 一定の角速度で回転する座標系

回転座標系に現れる**慣性力**を導いてみよう．図 B.5 のように，回転座標系 $(O'-x', y', z')$ の z' 軸が慣性座標系 $(O-x, y, z)$ の z 軸と重なっており，回転座標系が z' 軸のまわりに一定角速度 ω で回転しているとする．そして，質点が $xy, x'y'$ 平面上を運動する場合を考える．点 P の慣性座標系での座標 (x, y, z) と回

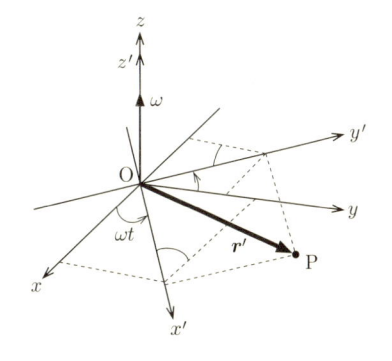

図 **B.5** 慣性座標系 $(O-x, y, z)$ と回転座標系 $(O'-x', y', z')$

転座標系の座標 (x', y', z') との間には次の関係がある.
$$x = x' \cos\omega t - y' \sin\omega t$$
$$y = x' \sin\omega t + y' \cos\omega t$$
$$z = z'$$
これらの式を 2 回微分して, x, y, z 方向の加速度を求めてみよう.
$$\frac{\mathrm{d}x}{\mathrm{d}t} = \frac{\mathrm{d}x'}{\mathrm{d}t}\cos\omega t - \omega x'\sin\omega t - \frac{\mathrm{d}y'}{\mathrm{d}t}\sin\omega t - \omega y'\cos\omega t$$
$$\frac{\mathrm{d}y}{\mathrm{d}t} = \frac{\mathrm{d}x'}{\mathrm{d}t}\sin\omega t + \omega x'\cos\omega t + \frac{\mathrm{d}y'}{\mathrm{d}t}\cos\omega t - \omega y'\sin\omega t$$
$$\frac{\mathrm{d}z}{\mathrm{d}t} = \frac{\mathrm{d}z'}{\mathrm{d}t}$$
$$\begin{aligned}\frac{\mathrm{d}^2 x}{\mathrm{d}t^2} &= \frac{\mathrm{d}^2 x'}{\mathrm{d}t^2}\cos\omega t - \omega\frac{\mathrm{d}x'}{\mathrm{d}t}\sin\omega t - \omega\frac{\mathrm{d}x'}{\mathrm{d}t}\sin\omega t - \omega^2 x'\cos\omega t \\ &\quad - \frac{\mathrm{d}^2 y'}{\mathrm{d}t^2}\sin\omega t - \omega\frac{\mathrm{d}y'}{\mathrm{d}t}\cos\omega t - \omega\frac{\mathrm{d}y'}{\mathrm{d}t}\cos\omega t + \omega^2 y'\sin\omega t \\ &= \left(\frac{\mathrm{d}^2 x'}{\mathrm{d}t^2} - 2\omega\frac{\mathrm{d}y'}{\mathrm{d}t} - \omega^2 x'\right)\cos\omega t - \left(\frac{\mathrm{d}^2 y'}{\mathrm{d}t^2} + 2\omega\frac{\mathrm{d}x'}{\mathrm{d}t} - \omega^2 y'\right)\sin\omega t\end{aligned}$$
(B.29)

$$\begin{aligned}\frac{\mathrm{d}^2 y}{\mathrm{d}t^2} &= \frac{\mathrm{d}^2 x'}{\mathrm{d}t^2}\sin\omega t + \omega\frac{\mathrm{d}x'}{\mathrm{d}t}\cos\omega t + \omega\frac{\mathrm{d}x'}{\mathrm{d}t}\cos\omega t - \omega^2 x'\sin\omega t \\ &\quad + \frac{\mathrm{d}^2 y'}{\mathrm{d}t^2}\cos\omega t - \omega\frac{\mathrm{d}y'}{\mathrm{d}t}\sin\omega t - \omega\frac{\mathrm{d}y'}{\mathrm{d}t}\sin\omega t - \omega^2 y'\cos\omega t \\ &= \left(\frac{\mathrm{d}^2 x'}{\mathrm{d}t^2} - 2\omega\frac{\mathrm{d}y'}{\mathrm{d}t} - \omega^2 x'\right)\sin\omega t + \left(\frac{\mathrm{d}^2 y'}{\mathrm{d}t^2} + 2\omega\frac{\mathrm{d}x'}{\mathrm{d}t} - \omega^2 y'\right)\cos\omega t\end{aligned}$$
(B.30)

$$\frac{\mathrm{d}^2 z}{\mathrm{d}t^2} = \frac{\mathrm{d}^2 z'}{\mathrm{d}t^2} \tag{B.31}$$

ここで (B.29)$\times m\cos\omega t$+(B.30)$\times m\sin\omega t$ をつくると
$$m\frac{\mathrm{d}^2 x}{\mathrm{d}t^2}\cos\omega t + m\frac{\mathrm{d}^2 y}{\mathrm{d}t^2}\sin\omega t = m\frac{\mathrm{d}^2 x'}{\mathrm{d}t^2} - 2m\omega\frac{\mathrm{d}y'}{\mathrm{d}t} - m\omega^2 x'$$
となり, $m\dfrac{\mathrm{d}^2 x}{\mathrm{d}t^2} = F_x, m\dfrac{\mathrm{d}^2 y}{\mathrm{d}t^2} = F_y$ および $F_{x'} = F_x\cos\omega t + F_y\sin\omega t$ の関係から, 左辺は慣性系の外力 $\boldsymbol{F} = (F_x, F_y, F_z)$ の x' 方向の成分 $F_{x'}$ になって

いる．
$$F_{x'} = m\frac{d^2 x'}{dt^2} - 2m\omega\frac{dy'}{dt} - m\omega^2 x'$$
これを次のように書き直せば，回転座標系の x' 方向の運動方程式となる．
$$m\frac{d^2 x'}{dt^2} = F_{x'} + 2m\omega\frac{dy'}{dt} + m\omega^2 x' \tag{B.32}$$
同様に，(B.30)×$m\cos\omega t$−(B.29)×$m\sin\omega t$+ をつくり，書き直せば，
$$m\frac{d^2 y'}{dt^2} = F_{y'} - 2m\omega\frac{dx'}{dt} + m\omega^2 y' \tag{B.33}$$
また $F_z = F_{z'}$ であるから，(B.31)×m より，
$$m\frac{d^2 z'}{dt^2} = F_{z'} \tag{B.34}$$
が得られる．(B.32),(B.33) 式の右辺にみるように，回転座標系では本当の外力 $\boldsymbol{F} = (F_{x'}, F_{y'}, F_{z'})$ に加えて，2種類の慣性力（見かけの力）が現れる．右辺の第2項は，回転座標系に対して動いている質点に働く慣性力で**コリオリの力**と呼ばれる．ベクトルで表せば $-2m\boldsymbol{\omega}\times\boldsymbol{v'}$ である．右辺の第3項は，等速円運動の場合に現れた向心力と大きさは同じであるが，方向は円の外側を向いている力で**遠心力**と呼ばれる．ベクトルで表せば $-m\boldsymbol{\omega}\times(\boldsymbol{\omega}\times\boldsymbol{r'})$ である．

角速度ベクトル $\boldsymbol{\omega}$ は，$d\theta/dt$ の大きさをもち，回転面に垂直な軸（回転軸）をその方向とし，原点にある右ねじを，$\boldsymbol{r'}$ の回転する方向に回すときに，右ねじの進む向きを正とするベクトルである．したがって，図 B.5 の角速度ベクトルは正の z 成分のみをもっており，$\boldsymbol{\omega} = (0, 0, \omega)$ である．

上式に示される遠心力は速度 $\boldsymbol{v'}$ に関係しない．したがって，質点が回転系に対して静止している場合にも存在する．そして，その大きさは座標系の回転軸からの距離に比例している．一方，コリオリの力は運動している質点にのみ作用し，質点の速度によって異なる．しかし，座標系に対する質点の位置に関係しない．また，コリオリの力は質点の運動方向に対していつも垂直なので，質点に対して仕事をしない．コリオリの力は，速度の向きを変えるだけで，速度の大きさ，すなわち運動エネルギーは変えないのである（第 4.1 節の仕事や第 4.3 節の運動エネルギーを参照）．

上で見た等加速度座標系，回転座標系に現れた**慣性力**は，みな**質量** m を含んでいることに注目しよう．前に述べたように，m は質点の慣性を表すものである．したがって，見かけの力は質点の慣性という性質を通して，加速度をも

つ座標系に現れる力であり，ともに**慣性力**と呼ばれるのである．慣性力は，等加速度運動をする電車内ではその加速度に反対向きに，回転座標系では向心加速度に反対向きに現れている，これは慣性の性質そのものの現れといえる．

"本当の"力は，第3法則すなわち作用・反作用の法則（物体間に働く力）が適用できる力であり，慣性系でも非慣性系（加速座標系）でも同様に現れるが，慣性力は非慣性系でのみ現れる力である．このことから，慣性力が運動方程式の右辺に現れてこないような座標系を慣性系といってもよい．地球は自転しているので，地球上の運動を表す厳密な意味での慣性系として扱うことはできない．事実，自転による効果は台風の風の方向などに現れている．ただ地上での物体の運動を表すときには，その効果は無視されるほど小さいので，通常の議論には地球を慣性系として扱っても差し支えない．

問 B.1. 北半球で北上する台風の進路が右に曲がること，および台風の目のまわりの風が，反時計方向に回ることを説明せよ．

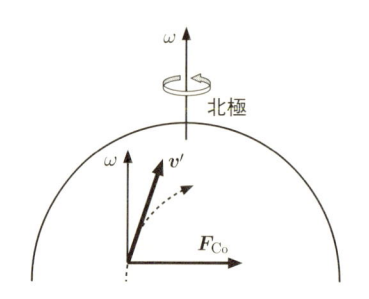

図 B.6 台風に作用するコリオリの力　　図 B.7 台風の目のまわりの風向き

解 この現象は，風に及ぼすコリオリの力 $\boldsymbol{F}_{\text{Co}} = (2m\omega v_{y'}, -2m\omega v_{x'})$ によるものなので，まずコリオリの力が速度 $\boldsymbol{v}' = (v_{x'}, v_{y'})$ に直交することを示す．直交することは $\boldsymbol{F}_{\text{Co}}$ と $\boldsymbol{v}'$ の内積が $\boldsymbol{F}_{\text{Co}} \cdot \boldsymbol{v}' = 2m\omega v_{y'} v_{x'} - 2m\omega v_{x'} v_{y'} = 0$ となることからいえる．また，$x'y'$ 平面上に $\boldsymbol{F}_{\text{Co}}$ と $\boldsymbol{v}'$ を描いてみても明らかである．

次に，コリオリの力は風の進路を右に曲げることを示す．北半球で地表を進む台風の速度ベクトル $\boldsymbol{v}'$ と地球の自転の角速度ベクトル $\boldsymbol{\omega}$（自転軸の北が正）およびコリオリの力 $\boldsymbol{F}_{\text{Co}}$ の関係は，ベクトル積の関係 $\boldsymbol{F}_{\text{Co}} = -2m\boldsymbol{\omega} \times \boldsymbol{v}'$ か

ら図 B.6 のようになり，コリオリの力は台風の進路（速度の方向）を右に曲げることになる．

また，台風の目のまわりでは，コリオリの力によって風が反時計方向に回ることが説明される．すなわち気圧の差による力は等圧線に垂直なので，台風の目に向かって大気は動き始めるが，動けばすべての風にコリオリの力が働いて進路が右に曲げられ，図 B.7 のように，反時計回りのうずとなる．

さらに，高気圧から吹き出す風の向きが，等圧線に沿って右回りとなることも，同じようにコリオリの力によって説明される．

B.3 極座標

円板や球の重心のまわりの慣性モーメントを求める場合は，**極座標**を用いると便利である．剛体の形状が重心を通る回転軸について回転対称体となっているからである．ここでは慣性モーメントを求める場合に必要となる微小面積や微小体積を，どのように表すかを説明しておこう．

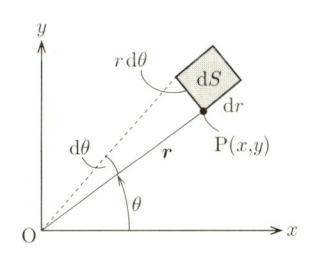

図 B.8　2次元極座標表示

第 3.1 節で等速円運動を考えたときに，質点の円周上の座標 $P(x,y)$ を，円の半径 r と，半径 r が x 軸となす角 θ で表した．これを発展させて，r が変数でいろいろな値をとるとすれば，図 B.8 のように，原点 O から点 P までの距離 r と OP と x 軸のなす角 θ によって，2 次元平面のすべての位置を表すことができる．直交座標 (x,y) と極座標 (r,θ) との関係は，円運動の場合と同じであり，

$$x = r\cos\theta, \qquad y = r\sin\theta, \qquad r = \sqrt{x^2 + y^2} \tag{B.35}$$

である．このような表し方を **2 次元極座標表示** という．2 次元極座標表示では r と $r+dr$，θ と $\theta+d\theta$ の範囲にある微小部分の面積 dS は，図 B.8 より

$$dS = r\, d\theta\, dr \tag{B.36}$$

と表すことができる．したがって，(7.8) 式は $I_z = \iint r^2 \rho r\, d\theta\, dr$ となる．

3次元極座標表示の場合は，図B.9のように，原点 O から点 P までの距離を r，OP と z 軸のなす角を θ，OP の xy 面への射影 OP$'$ と x 軸のなす角を φ として，3次元空間の位置を表す．直交座標 (x, y, z) と極座標 (r, θ, φ) の関係は，

$$x = r\sin\theta\cos\varphi,$$
$$y = r\sin\theta\sin\varphi,$$
$$z = r\cos\theta \tag{B.37}$$
$$r = \sqrt{x^2 + y^2 + z^2} \tag{B.38}$$

である．

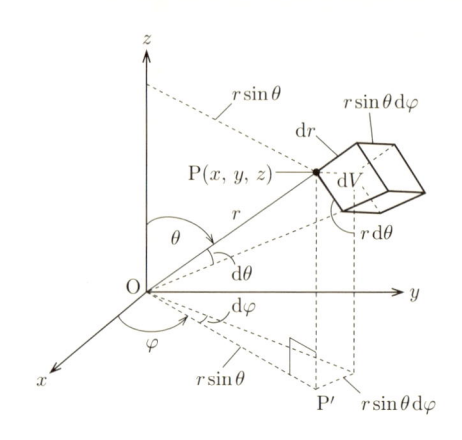

図 **B.9** 3次元極座標表示

3次元極座標表示を用いれば，3次元空間の r と $r + \mathrm{d}r$，θ と $\theta + \mathrm{d}\theta$，$\varphi$ と $\varphi + \mathrm{d}\varphi$ の範囲にある微小空間の体積 $\mathrm{d}V$ は，図 B.9 より，

$$\mathrm{d}V = r\sin\theta\,\mathrm{d}\varphi \cdot r\,\mathrm{d}\theta \cdot \mathrm{d}r = r^2 \sin\theta\,\mathrm{d}\theta\,\mathrm{d}\varphi\,\mathrm{d}r \tag{B.39}$$

と表される．したがって，(7.8) 式は，

$$I_z = \iiint \rho r^4 \sin\theta\,\mathrm{d}\theta\,\mathrm{d}\varphi\,\mathrm{d}r \tag{B.40}$$

となる．

付録 C
数学の公式など

C.1 不定積分（原始関数）

与えられた関数 $f(x)$ に対して，
$$\frac{\mathrm{d}}{\mathrm{d}x}F(x) = f(x) \tag{C.1}$$
のような関数 $F(x)$ が存在するとき，$F(x)$ を $f(x)$ の**不定積分**または**原始関数**といい
$$F(x) = \int f(x)\,\mathrm{d}x \tag{C.2}$$
と表す．$F(x)$ に定数を加えた関数はすべて (C.1) 式をみたすので，$f(x)$ の不定積分は無限にあることになる．何らかの方法で1つの不定積分 $G(x)$（特殊解）が求まったとすると，
$$F(x) = \int f(x)\,\mathrm{d}x = G(x) + C \tag{C.3}$$
である．ここで，C は定数で**積分定数**といわれる．したがって，力学の問題において，(C.1) 式の形をした運動方程式を解いて，速度や座標である $F(x)$ を求めるということは，不定積分 $\int f(x)\,\mathrm{d}x$ の1つの特殊解 $G(x)$ を求め，定数 C を運動条件から具体的な値として決めることである．

(C.3) 式の求め方には，(C.1) 式の両辺を積分すると考える方法もある．
$$\int \frac{\mathrm{d}}{\mathrm{d}x}F(x)\,\mathrm{d}x = \int f(x)\,\mathrm{d}x \tag{C.4}$$
積分は微分の逆演算であるから，左辺は $\int \frac{\mathrm{d}}{\mathrm{d}x}F(x)\,\mathrm{d}x = F(x) + C'$ であり，$G(x)$ は $f(x)$ の1つの不定積分であるとしたのであるから，右辺は

$\int f(x)\,\mathrm{d}x = G(x) + C''$ である．ここで C', C'' は定数である．ゆえに，
$$F(x) + C' = G(x) + C''$$
である．あらためて $C'' - C' = C$ とおけば (C.3) 式が得られる．次に具体的な例題を解いてみよう．

例題 C.1. $f(x) = 3x^2$ であるときの不定積分 $F(x)$ を求めてみよう．

・・・・・・・・・・・・・・・・・・・・・・・・・・

$\dfrac{\mathrm{d}}{\mathrm{d}x} x^3 = 3x^2$ であるから，x^3 は $3x^2$ の 1 つの不定積分（特殊解）である．したがって，一般の不定積分は，1 つの特殊解に定数を加えたものであり，次式のように表される．
$$F(x) = \int 3x^2\,\mathrm{d}x = x^3 + C \tag{C.5}$$

例題 C.2. 速度が $v(t) = -gt + v_0$（g, v_0 は定数）と表されるとき，不定積分としての座標 $x(t)$ を求める．

・・・・・・・・・・・・・・・・・・・・・・・・・・

$\dfrac{\mathrm{d}x(t)}{\mathrm{d}t} = v(t)$ であるから，
$$x(t) = \int v(t)\,\mathrm{d}t = \int (-gt + v_0)\,\mathrm{d}t = -\frac{1}{2}gt^2 + v_0 t + C$$
ここで C は積分定数である．

C.2　不定積分の公式

以下に，本書で必要とする不定積分の公式を示す．C は積分定数である．

1. $\displaystyle\int x^n\,\mathrm{d}x = \frac{1}{n+1} x^{n+1} + C$
2. $\displaystyle\int \frac{1}{x}\,\mathrm{d}x = \log|x| + C$
3. $\displaystyle\int e^{kx}\,\mathrm{d}x = \frac{1}{k} e^{kx} + C \qquad (k \neq 0)$

4. $\displaystyle\int \sin\omega t\,\mathrm{d}t = -\frac{1}{\omega}\cos\omega t + C \qquad (\omega \neq 0)$

5. $\displaystyle\int \cos\omega t\,\mathrm{d}t = \frac{1}{\omega}\sin\omega t + C \qquad (\omega \neq 0)$

6. $\displaystyle\int \{f(x) \pm g(x)\}\,\mathrm{d}x = \int f(x)\,\mathrm{d}x \pm \int g(x)\,\mathrm{d}x$

7. $\displaystyle\int kf(x)\,\mathrm{d}x = k\int f(x)\,\mathrm{d}x + C \qquad (k:実数)$

8. 置換積分の公式　$\displaystyle\int f(x)\,\mathrm{d}x = \int f\{g(t)\}g'(t)\,\mathrm{d}t$　（積分定数省略）

9. 部分積分の公式　$\displaystyle\int f(x)g'(x)\,\mathrm{d}x = f(x)g(x) - \int f'(x)g(x)\,\mathrm{d}x$

C.3　定積分

積分の下限 a と上限 b が決まっている積分

$$\int_a^b f(x)\,\mathrm{d}x \tag{C.6}$$

を**定積分**という．定積分の値は，図 C.1 の陰影で示した部分の面積を表し，$f(x) \cdot \mathrm{d}x$ の長方形の面積を，$\mathrm{d}x$ を無限に小さくした場合について $x = a$ から b まで足し合わせたものである．定積分を解く場合に，次の定理を用いる．$f(x)$ が $[a,b]$ で連続のとき，$f(x)$ の 1 つの原始関数（不定積分）$F(x)$ を求めることができれば，定積分は次式で求めることができる．

$$\int_a^b f(x)\,\mathrm{d}x = F(b) - F(a) \tag{C.7}$$

この式を質点の運動に応用する場合は，$f(x)$ を時刻 t の関数である速度 $v_x(t)$ や加速度 $a_x(t)$，$F(t)$ を任意の時刻 t における座標や速度であるとする．また，積分の下限 a は，$F(a)$ が既知の値となるような時刻として $t = 0$ とする．したがって，(C.7) 式は

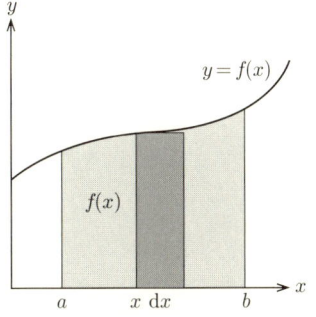

図 **C.1**　定積分

次式のように書き換えられる.
$$F(t) = \int_0^t f(t)\,\mathrm{d}t + F(0) \tag{C.8}$$

一例として,速度が $v_x(t) = -gt + v_0$ (g, v_0 は定数) と表されるとき,不定積分としての座標 $x(t)$ を求める.この場合は,$f(t)$ が $v_x(t)$ に,$F(t)$ が $x(t)$ に対応しており,$t = 0$ での x の値を $x(0)$ とすれば

$$\begin{aligned}
x(t) &= \int_0^t v_x(t)\,\mathrm{d}t + x(0) \\
&= \int_0^t (-gt + v_0)\,\mathrm{d}t + x(0) \\
&= \left[-\frac{1}{2}gt^2 + v_0 t + C\right]_0^t + x(0) \\
&= \left(-\frac{1}{2}gt^2 + v_0 t + C\right) - \left(-\frac{1}{2}g \times 0^2 + v_0 \times 0 + C\right) + x(0) \\
&= -\frac{1}{2}gt^2 + v_0 t + x(0)
\end{aligned}$$

$$\therefore \quad x(t) = -\frac{1}{2}gt^2 + v_0 t + x(0) \tag{C.9}$$

定積分の場合は,$-\dfrac{1}{2}gt^2 + v_0 t + C$ のように,計算の途中に出てくる積分定数 C は,常に打ち消しあって 0 となるので結果に影響しない.したがって,定積分の計算では積分定数を省略することができる.

C.4　テイラー展開とマクローリン展開

関数 $f(x)$ が,$x = a$ において連続であり微分可能であるとき,$f(x)$ は次のように展開される.

$$f(x) = f(a) + f'(a)(x-a) + \frac{1}{2!}f''(a)(x-a)^2 + \frac{1}{3!}f'''(a)(x-a)^3 + \cdots \tag{C.10}$$

これを,$x = a$ における関数 $f(x)$ の**テイラー展開（級数）**という.テイラー展開において $a = 0$ とおけば,

$$f(x) = f(0) + f'(0)x + \frac{1}{2!}f''(0)x^2 + \frac{1}{3!}f'''(0)x^3 + \cdots \tag{C.11}$$

関数 $f(x)$ は x のべき級数に展開される.これを,**マクローリン展開（級数）**という.たとえば,$f(x) = \sin x$ とすれば,$f(0) = \sin 0 = 0$,$f'(0) = \cos 0 = 1$,$f''(0) = -\sin 0 = 0$,$f'''(0) = -\cos 0 = -1$,$\cdots$ より,

$$\sin x = x - \frac{1}{3!}x^3 + \frac{1}{5!}x^5 + \cdots \tag{C.12}$$

また，$f(t) = e^{-\frac{a}{m}t}$ の場合は t が変数であり，$f(0) = e^{-\frac{a}{m}0} = 1$，$f'(0) = -\frac{a}{m}e^{-\frac{a}{m}0} = -\frac{a}{m}$，$f''(0) = \left(\frac{a}{m}\right)^2 e^{-\frac{a}{m}0} = \left(\frac{a}{m}\right)^2, \cdots$ であるから，

$$e^{-\frac{a}{m}t} = 1 - \frac{a}{m}t + \frac{1}{2}\left(\frac{a}{m}t\right)^2 - \cdots \tag{C.13}$$

C.5 変数分離型の微分方程式

簡単な 1 階微分方程式は，不定積分法や定積分法で解けるが，一般的な，

$$\frac{dy}{dt} = f(y, t) \tag{C.14}$$

の形の 1 階微分方程式は解けない．しかし，$f(y, t) = P(y)Q(t)$ のように，$f(y, t)$ が y のみの関数と t のみの関数の積の形になっているとき，(C.14) 式は，

$$\frac{dy}{dt} = P(y)Q(t) \tag{C.15}$$

となり，変数分離型の 1 階微分方程式といわれて，積分して解くことができる．この場合は，$\frac{1}{P(y)}\frac{dy}{dt} = Q(t)$ とし，両辺に dt を掛ければ，

$$\frac{1}{P(y)}dy = Q(t)dt \tag{C.16}$$

となる．このように変数を左辺は y だけ，右辺は t だけとなるように整理することを**変数分離**という．そして両辺をそれぞれの変数で積分すれば，

$$\int \frac{dy}{P(y)} = \int Q(t)\,dt$$
$$\frac{1}{P'(y)}\log|P(y)| = \int Q(t)\,dt + C \tag{C.17}$$

となり，この結果より y を求めることができる．ここで，$\frac{dy}{dt}dt = dy$ である．$\frac{dy}{dt}$ は dy を dt で割ったものと考えてもよい．

この方法で解くことができる具体的な運動の例を，以下に例題として示す．

例題 C.3. 変数分離法の例として，自由落下する質点の速度から，その座標 y を時間 t の関数として求める．この場合，質点は時刻 $t = 0$ に $y = h$ の高さに静止しているとする．

質点の速度は，p.28 の (2.7) 式より次のように表される．
$$\frac{dy}{dt} = -gt \tag{C.18}$$
この場合，$P(y) = 1$, $Q(t) = -gt$ とみなすことができるので，まず $dy = -gt\,dt$ と変形する．次に両辺を積分すれば，$\int dy = -g \int t\,dt$ より，
$$y = -\frac{1}{2}gt^2 + C \tag{C.19}$$
$t = 0$ で $y = h$ の初期条件を代入すれば，$C = h$ となり，次式が得られる．
$$y = -\frac{1}{2}gt^2 + h \tag{C.20}$$

例題 C.4. 図 C.2 (a) のように，起電力 E の電池，スイッチ S，抵抗値 R の電気抵抗，インダクタンス L のコイルが直列に接続された回路がある．ここで，スイッチ S を閉じた後に，回路を流れる電流 i の時間変化を変数分離法で求めてみよう．

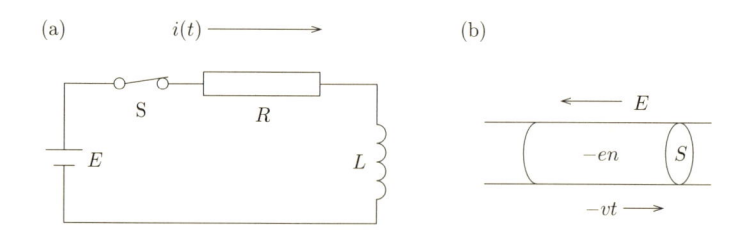

....

図 C.2 (a) 抵抗とコイルの直列回路，(b) 導体中の電荷の移動

まず，電流について考える．図 C.2 (b) のように，1 個の電子の電荷を $-e$，単位体積中の電子の数を n とし，電子の速さを $-v$ （電流の方向に対して負の方向）とすれば，時間 t の間に断面 S を通過する電子数は $nSvt$ なので，運ばれる電荷 Q は $Q = enSvt$ である．そして回路を流れる電流 i の強さは，その断面を単位時間に通過する電荷の量であると定義されるので，$i = Q/t$ である．したがって，$i = enSv$ であり，enS は一定であるから，電流を求める問題は，電子の速度を求める問題と同じことになる．

図 C.2 (a) の回路に電流 i が流れるとき，抵抗によって Ri だけ電位が下が

り，コイルによって $L(\mathrm{d}i/\mathrm{d}t)$ だけ電位が下がって，次の関係が成り立つ．
$$E = Ri + L\frac{\mathrm{d}i}{\mathrm{d}t} \tag{C.21}$$
この式を $\dfrac{\mathrm{d}i}{\mathrm{d}t} = \dfrac{E - Ri}{L}$ と書き直せば，変数分離が可能になる．
$$\frac{\mathrm{d}i}{E - Ri} = \frac{\mathrm{d}t}{L} \tag{C.22}$$
ここで，左辺を i，右辺を t を変数として積分すれば
$$-\frac{1}{R}\log(E - Ri) = \frac{1}{L}t + C$$
$$E - Ri = \exp\left(-\frac{R}{L}t - RC\right)$$
$$Ri = E - \exp\left(-\frac{R}{L}t\right)\exp(-RC)$$
$$i = \frac{E}{R} - C'\exp\left(-\frac{R}{L}t\right) \tag{C.23}$$
ここで，C および $C' = \dfrac{1}{R}\exp(-RC)$ は定数である．C' を決めるために，スイッチを閉じた瞬間 ($t = 0$) に $i = 0$ であるとすると，$C' = E/R$ となる．
$$\therefore \quad i = \frac{E}{R}\left(1 - \exp\left(-\frac{R}{L}t\right)\right)$$
ここで $\dfrac{L}{R} = \tau$ （緩和時間）とおけば
$$i = \frac{E}{R}\left(1 - \exp\left(-\frac{t}{\tau}\right)\right) \tag{C.24}$$
となる．図 C.3 に電流の時間変化を示した．(C.24) 式は，スイッチを閉じてから十分に時間が経過した後の電流 i_∞ は $\dfrac{E}{R}$ であり，緩和時間 τ は，$i = 0$ から $i = i_\infty\left(1 - \dfrac{1}{e}\right)$ となるまでの時間であることを示している．

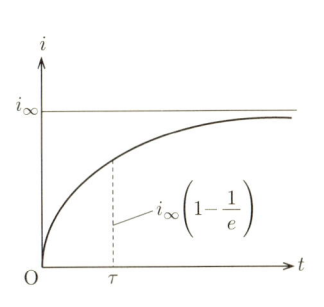

図 **C.3** 電流 i の時間変化

C.6　2階線形微分方程式と減衰振動

$$\frac{d^2x}{dt^2} + P(t)\frac{dx}{dt} + Q(t)x = R(t) \tag{C.25}$$

は2階線形微分方程式であるが，これまでに述べた積分法ではほとんど解けない．しかし，減衰振動や強制振動の運動方程式はこの形になっているので，ここでは具体例について説明しておこう．

単振動をしている物体に，速度に比例する抵抗力が作用する場合は，振動の振幅は時間とともに小さくなり**減衰振動**をする．たとえば，ばね定数 k のばねに固定された質点が，変位に比例する $-kx$ の復元力と，速度に比例する空気抵抗 $-\gamma\dfrac{dx}{dt}$（γ は比例定数）を受けながら，水平な x 軸上を振動する場合の運動方程式は，

$$m\frac{d^2x}{dt^2} = -kx - \gamma\frac{dx}{dt} \tag{C.26}$$

である．書き直せば，

$$\frac{d^2x}{dt^2} + \frac{\gamma}{m}\frac{dx}{dt} + \frac{k}{m}x = 0 \tag{C.27}$$

となって，減衰振動は $R(t) = 0$ の場合の2階微分方程式になっている．

減衰振動の方程式の解法については，すでに第3.5節で，説明しているので，ここでは省略する．

C.7　強制振動

減衰振動をする物体に，振動に合わせた周期的な外力が作用するとき，物体は一定振幅の振動を継続する．このように，外力によって振動を継続する運動を**強制振動**という．一例として，ばね定数 k のばねに固定された質点が，$-kx$ のばねの復元力と $-\gamma\dfrac{dx}{dt}$ の空気抵抗（γ は比例定数）の他に，$D\cos\omega_f t$ の外力（D は振幅，ω_f は角振動数）を受けながら，水平な x 軸上を振動する場合を考える．この場合の運動方程式は，

$$m\frac{d^2x}{dt^2} = -kx - \gamma\frac{dx}{dt} + D\cos\omega_f t \tag{C.28}$$

であるが，書き直せば，

$$\frac{d^2x}{dt^2} + \frac{\gamma}{m}\frac{dx}{dt} + \frac{k}{m}x = \frac{D}{m}\cos\omega_f t$$

となり,この方程式の左辺は (C.27) 式と同じ形をしており,減衰振動を表す.

$$p = \frac{\gamma}{m}, \qquad \omega^2 = \frac{k}{m}, \qquad d = \frac{D}{m} \tag{C.29}$$

と書き換えれば,

$$\frac{\mathrm{d}^2 x}{\mathrm{d} t^2} + p \frac{\mathrm{d} x}{\mathrm{d} t} + \omega^2 x = d \cos \omega_f t \tag{C.30}$$

となる.(C.30) 式は x を含まない右辺の項があるので**非斉次方程式**といわれる.非斉次方程式の一般解は,右辺を 0 とした減衰振動の**斉次方程式**の一般解と,非斉次方程式 (C.30) 式から何らかの方法で探し出す 1 つの解(特殊解)との和になっている.

減衰振動の一般解は第 3.5 節ですでに求めてあるので,ここでは 1 つの特殊解を求めればよい.質点は外力によって強制的に振動させられるのであるから,質点の角振動数は,外力のものに近いであろうと考えられる.したがって,x を次式のように仮定し,

$$x = x_0 \cos(\omega_f t + \phi) \tag{C.31}$$

(C.30) 式をみたすように x_0 と ϕ を決めることを試みる.

$$\frac{\mathrm{d} x}{\mathrm{d} t} = -x_0 \omega_f \sin(\omega_f t + \phi), \qquad \frac{\mathrm{d}^2 x}{\mathrm{d} t^2} = -x_0 \omega_f^2 \cos(\omega_f t + \phi)$$

であるから,(C.30) 式は,

$$\left(\omega^2 - \omega_f^2\right) x_0 \cos(\omega_f t + \phi) - \omega_f p x_0 \sin(\omega_f t + \phi) = d \cos \omega_f t$$

$$\left(\omega^2 - \omega_f^2\right) x_0 (\cos \omega_f t \cos \phi - \sin \omega_f t \sin \phi)$$
$$\quad - \omega_f p x_0 (\sin \omega_f t \cos \phi + \cos \omega_f t \sin \phi) = d \cos \omega_f t$$

$$\left[\left(\omega^2 - \omega_f^2\right) x_0 \cos \phi - \omega_f p x_0 \sin \phi - d\right] \cos \omega_f t$$
$$\quad + \left[-\left(\omega^2 - \omega_f^2\right) x_0 \sin \phi - \omega_f p x_0 \cos \phi\right] \sin \omega_f t = 0$$

となる.この式が成り立つのは,$\cos \omega_f t$ と $\sin \omega_f t$ の係数がともに 0 のときのみであるから,

$$\left(\omega^2 - \omega_f^2\right) x_0 \cos \phi - \omega_f p x_0 \sin \phi = d \tag{C.32}$$

$$-\omega_f p \cos \phi - \left(\omega^2 - \omega_f^2\right) \sin \phi = 0 \tag{C.33}$$

であり,(C.33) 式より

$$\sin \phi = -\frac{\omega_f p}{\omega^2 - \omega_f^2} \cos \phi \tag{C.34}$$

または，
$$\tan\phi = -\frac{\omega_f p}{\omega^2 - \omega_f{}^2} \tag{C.35}$$
である．(C.32) 式に (C.34) および $\dfrac{1}{\cos\phi} = \sqrt{\tan^2\phi + 1}$ を用いると，

$$\begin{aligned}
x_0 &= \frac{\left(\omega^2 - \omega_f{}^2\right) d}{\left[\left(\omega^2 - \omega_f{}^2\right)^2 + \omega_f{}^2 p^2\right]\cos\phi} \\
&= \frac{\left(\omega^2 - \omega_f{}^2\right) d}{\left[\left(\omega^2 - \omega_f{}^2\right)^2 + \omega_f{}^2 p^2\right]} \cdot \frac{\sqrt{\left(\omega^2 - \omega_f{}^2\right)^2 + \omega_f{}^2 p^2}}{\left(\omega^2 - \omega_f{}^2\right)} \\
&= \frac{d}{\sqrt{\left(\omega^2 - \omega_f{}^2\right)^2 + \omega_f{}^2 p^2}}
\end{aligned}$$

が得られる．ここで，(C.29) 式によって d, p を書き換えれば，

$$x_0 = \frac{D}{\sqrt{m^2\left(\omega^2 - \omega_f{}^2\right)^2 + \omega_f{}^2 \gamma^2}} \tag{C.36}$$

となる．

一方，(C.32)×$\omega_f p$ + (C.33)×$\left(\omega^2 - \omega_f{}^2\right) x_0$ より，

$$\sin\phi = \frac{-\omega_f p d}{\left(\omega^2 - \omega_f{}^2\right)^2 x_0 + \omega_f{}^2 p^2 x_0} = \frac{-\omega_f \gamma}{m^2\left(\omega^2 - \omega_f{}^2\right)^2 + \omega_f{}^2 \gamma^2} \cdot \frac{D}{x_0}$$

となるが，(C.36) 式より $\dfrac{D}{x_0} = \sqrt{m^2\left(\omega^2 - \omega_f{}^2\right)^2 + \omega_f{}^2 \gamma^2}$ であるから，

$$\sin\phi = \frac{-\omega_f \gamma}{\sqrt{m^2\left(\omega^2 - \omega_f{}^2\right)^2 + \omega_f{}^2 \gamma^2}} \tag{C.37}$$

となる．この式は，$\sin\phi < 0$ であり，$-\pi < \phi < 0$ であることを示している．(C.37) 式から求まる ϕ を用いて，変位 x の特殊解は次のように表される．

$$x = \frac{D}{\sqrt{m^2\left(\omega^2 - \omega_f{}^2\right)^2 + \omega_f{}^2 \gamma^2}}\cos(\omega_f t + \phi) \tag{C.38}$$

強制振動の一般解は，(C.38) 式の特殊解と減衰振動の一般解の和であった．したがって，減衰振動の一般解である (3.69)〜(3.71) 式と (C.38) 式の和が (C.28) 式の一般解となる．たとえば，減衰振動における $\gamma^2 - 4mk < 0$ の条件が成り立つ場合は，(3.71) 式と (C.38) 式の和

$$x = \frac{D}{\sqrt{m^2(\omega^2-\omega_f^2)^2+\omega_f^2\gamma^2}}\cos(\omega_f t+\phi)+Ce^{-\frac{\gamma}{2m}t}\sin(\omega' t+\delta) \quad \text{(C.39)}$$

が強制振動の一般解となる．この式の第2項は，減衰振動の式そのものであるから，時間とともに指数関数的に減少してなくなる．一方，第1項は，外力によって強制的に誘起された持続的な振動を表しており，強制振動といわれる．強制振動は，振幅を表す部分が定数となっていることから，外力と同じ角振動数 ω_f で，持続的に振動することがわかる．

C.8 共振

前節で述べたように，ばね定数 k のばねに固定された質点が，$-kx$ のばねの復元力と $-\gamma\dfrac{\mathrm{d}x}{\mathrm{d}t}$ の空気抵抗（γ は比例定数）の他に，$D\cos\omega_f t$ の外力（D は振幅，ω_f は角振動数）を受けながら，水平な x 軸上を振動する場合の一般解は，減衰振動の一般解と強制振動の特殊解との和として与えられた．この場合の持続的な振動を表す特殊解は，次式のように

$$x = \frac{D}{\sqrt{m^2(\omega^2-\omega_f^2)^2+\omega_f^2\gamma^2}}\cos(\omega_f t+\phi) \quad \text{(C.40)}$$

外力の振幅 D に比例するだけでなく，分母に入っている外力の角振動数 ω_f の条件に依存しており，条件によっては，質点の振動 (x) が非常に大きくなる場合がある．この現象を**共振**という．

強制振動の振幅が極大となる条件は，振幅の分母が極小となる条件であるから，$F(\omega_f) = m^2(\omega^2-\omega_f^2)^2+\omega_f^2\gamma^2$ とおいて，これを ω_f で微分し，$\mathrm{d}F(\omega_f)/\mathrm{d}\omega_f = 0$ として求める．$F(\omega_f)$ を極小にする ω_f において現れる．

$$\frac{\mathrm{d}F}{\mathrm{d}\omega_f} = 2m^2(\omega^2-\omega_f^2)(-2\omega_f)+2\omega_f\gamma^2 = 0$$

$$\therefore \quad \omega_f = \sqrt{\omega^2-\frac{\gamma^2}{2m^2}} \quad \text{(C.41)}$$

この式から，空気抵抗がない場合は $\omega_f = \omega$ となって，ばねの復元力による振動に等しい角振動数の外力によって共振が起こることがわかる．また，ω_f が実数であるためには，$\sqrt{2} > \dfrac{\gamma}{m\omega} > 0$ でなければならない．このときの最大振幅は，(C.41) 式を (C.40) に代入して

$$x_{\max} = \frac{D}{\gamma\sqrt{\omega^2 - \frac{\gamma^2}{4m^2}}} \tag{C.42}$$

となり，振幅を大きくするには，空気抵抗を小さくすればよいことがわかる．

付録 D
質点と剛体の比較

D.1 質点の並進運動と剛体の固定した回転軸のまわりの回転運動の物理量の比較

質点の並進運動		剛体の回転運動	
位置	$x, \boldsymbol{r}$	回転角	θ
質量	m	慣性モーメント	I
速度	$v_x = \dfrac{\mathrm{d}x}{\mathrm{d}t}$	角速度	$\omega = \dfrac{\mathrm{d}\theta}{\mathrm{d}t}$
	$\boldsymbol{v} = \dfrac{\mathrm{d}\boldsymbol{r}}{\mathrm{d}t}$		
加速度	$a_x = \dfrac{\mathrm{d}^2 x}{\mathrm{d}t^2}$	角加速度	$\dfrac{\mathrm{d}^2 \theta}{\mathrm{d}t^2}$
	$\boldsymbol{a} = \dfrac{\mathrm{d}^2 \boldsymbol{r}}{\mathrm{d}t^2}$		
運動量	$\boldsymbol{p} = m\boldsymbol{v}$	角運動量	$\boldsymbol{L} = I\boldsymbol{\omega}$
力	$F_x, \boldsymbol{F}$	力のモーメント	$N_x, \boldsymbol{N}$
運動エネルギー	$\dfrac{1}{2}mv^2$	運動エネルギー	$\dfrac{1}{2}I\omega^2$
仕事	$F\Delta r$	仕事	$N\Delta\theta$
運動方程式	$m\dfrac{\mathrm{d}^2 x}{\mathrm{d}t^2} = F_x$	運動方程式	$I\dfrac{\mathrm{d}^2\theta}{\mathrm{d}t^2} = N$
	$m\dfrac{\mathrm{d}^2 \boldsymbol{r}}{\mathrm{d}t^2} = \boldsymbol{F}$		

索　引

あ行

位相, 49, 54
位置, 2
位置エネルギー, 68, 69
1次元の等加速度運動, 26
位置ベクトル, 3, 121
1階微分方程式, 21
雨滴の落下運動, 46
運動エネルギー, 71, 87
運動の第1法則, 14
運動の第3法則, 16
運動の第2法則, 14
運動方程式, 15
運動摩擦係数, 37
運動量, 15
運動量のモーメント, 79
運動量保存の法則, 35, 82
円運動, 127
遠心力, 20, 133

か行

カーテシアン座標系, 3
外積, 77, 123, 124
回転運動, 1, 92
回転運動のエネルギー, 114
外力, 81
角運動量, 78
角運動量保存の法則, 79, 89
角振動数, 49, 54
角速度, 49
角速度ベクトル, 133
加速度, 10, 126
加速度の単位, 11
ガリレイの相対性原理, 130
ガリレイ変換, 130
関数, 6
慣性, 14
慣性系, 14
慣性座標系, 14
慣性質量, 15
慣性の法則, 14
慣性モーメント, 94
慣性力, 19, 131
完全非弾性衝突, 84
基準体, 2
基本ベクトル, 4, 119
逆ベクトル, 118
求心力, 52
共振, 147
強制振動, 144
極座標, 135
ケプラーの第2法則, 80
原始関数, 137
減衰振動, 62, 144
交換則, 124
向心加速度, 52
向心力, 52
剛体, 92
剛体の運動エネルギー, 114
剛体のつり合い, 112
剛体の平面運動, 109
剛体振り子, 107
抗力, 33
弧度法, 48
コリオリの力, 20, 133

さ行

座標軸, 2
作用反作用の法則, 16
3次元極座標表示, 136
仕事, 65
仕事の単位, 67
質点, 2
質点系, 81
質量, 1
始点, 117
周期, 54
重心, 86
終端速度, 47
終点, 117
自由ベクトル, 117
自由落下運動, 26
重力, 27
重力加速度, 27
重力質量, 2, 15
瞬間の速度, 6
衝突, 83
初期位相, 49, 54
初期条件, 21

振動数, 54
振幅, 49, 54
垂直抗力, 33
スカラー, 116
スカラー積, 123
スカラー量, 116
正弦定理, 119
斉次方程式, 145
静止摩擦係数, 37
成分, 4
成分表示, 120
積分定数, 137
ゼロベクトル, 117
速度, 5, 126
速度図, 126
束縛運動, 33
束縛ベクトル, 117
束縛力, 33

た行

だるま落とし, 14
単位ベクトル, 117
単振動, 49, 53
弾性エネルギー, 70
弾性衝突, 84
単振り子, 59
単振り子の等時性, 61
力, 12
力の単位, 20
力のモーメント, 77
直角座標系, 3
直交座標, 2
抵抗力, 44
定積分, 23, 139
テイラー展開（級数）, 140
デカルト座標系, 3
動径, 48
動径ベクトル, 48
等速円運動, 48

特性方程式, 63

な行

内積, 65, 123
内力, 81
なめらかな束縛力, 33
なめらかな平面, 34
2階微分方程式, 21
2次元極座標表示, 135
ニュートンの運動の法則, 13
ニュートンの運動法則は三位一体, 17
ニュートンの運動方程式, 14

は行

はね返り係数, 83
ばね定数, 55
速さ, 5
速さの単位, 6
反発係数, 83
非慣性系, 14
非慣性座標系, 14
非斉次方程式, 145
非弾性衝突, 84
微分方程式, 21
非保存力, 69
復元力, 55
不定積分, 22, 137
不定積分の公式, 138
分配則, 124
平均加速度, 10
平行軸の定理, 95
並進運動, 1, 92
平板の定理, 96
ベクトル, 3, 116
ベクトル積, 123, 124
ベクトルの外積, 124
ベクトルの差, 118

ベクトルの三重積, 125
ベクトルの成分表示, 119
ベクトルの内積, 123
ベクトルの微分, 125
ベクトルの和, 118
ベクトル量, 116
変位, 4
変位ベクトル, 121
変数分離, 141
変数分離型の微分方程式, 141
変数分離法, 23
放物運動, 38
放物曲線, 38
保存力, 69, 70, 73
ポテンシャルエネルギー, 68
ホドグラフ, 126

ま行

マクローリン展開（級数）, 140
摩擦, 36
摩擦係数, 37
摩擦力, 36
見かけの力, 19, 131
面積速度, 80
面積速度一定の法則, 80

や行

有向線分, 116
余弦定理, 119

ら行

ラジアン, 48
力学的エネルギー, 73
力学的エネルギー保存の法則, 73
力積, 83

工学基礎 物体の運動

2003 年 4 月 10 日	第 1 版	第 1 刷	発行
2004 年 4 月 20 日	第 2 版	第 1 刷	発行
2007 年 3 月 30 日	第 2 版	第 4 刷	発行
2008 年 4 月 30 日	第 3 版	第 1 刷	発行
2009 年 3 月 30 日	第 3 版	第 2 刷	発行
2010 年 3 月 30 日	第 4 版	第 1 刷	発行
2019 年 3 月 30 日	第 4 版	第 5 刷	発行

著 者　森田 博昭　安達 義也
　　　　加藤 宏朗　金子 武次郎

発 行 者　発田 和子

発 行 所　株式会社　学術図書出版社

〒113-0033　東京都文京区本郷 5 丁目 4-6
TEL 03-3811-0889　振替 00110-4-28454
印刷 サンエイプレス (有)

定価はカバーに表示してあります.

本書の一部または全部を無断で複写 (コピー)・複製・転載することは，著作権法でみとめられた場合を除き，著作者および出版社の権利の侵害となります．あらかじめ，小社に許諾を求めて下さい．

© H. MORITA, Y. ADACHI, H. KATO, T. KANEKO
2003, 2004, 2008, 2010　Printed in Japan
ISBN978-4-7806-0159-6　C3042